本书由自然资源部国土卫星遥感应用重点实验室开放基金资助
编号：KLSMNR–G202220

苏北碳酸盐岩
图像分析研究

匡鸿海 著

重庆大学出版社

内容提要

本书以偏光岩石显微镜为碳酸盐岩岩石图像获取设备,进行了苏北地区碳酸盐岩图像分析岩溶研究;尝试了将岩溶研究的自然语言形式化,利用有穷自动机进行碳酸盐岩图像分析研究,从而得到碳酸盐岩的孔隙度与岩溶发育速度;将研究结果和传统碳酸盐岩研究方法的研究结果、岩溶微生物 16S rDNA 技术的研究结果进行对比验证,以此改进有穷自动机算法的准确性;将地学人工智能技术引入碳酸盐岩研究中,成为岩溶研究的前沿方向。

图书在版编目(CIP)数据

苏北碳酸盐岩图像分析研究 / 匡鸿海著. -- 重庆:
重庆大学出版社,2023.8
ISBN 978-7-5689-4044-3

Ⅰ.①苏… Ⅱ.①匡… Ⅲ.①碳酸盐岩—图像分析—研究—江苏 Ⅳ.①P588.24

中国国家版本馆 CIP 数据核字(2023)第 136153 号

苏北碳酸盐岩图像分析研究
SUBEI TANSUANYANYAN TUXIANG FENXI YANJIU
匡鸿海 著
策划编辑:杨粮菊
责任编辑:杨育彪 版式设计:杨粮菊
责任校对:谢 芳 责任印制:张 策

*

重庆大学出版社出版发行
出版人:陈晓阳
社址:重庆市沙坪坝区大学城西路 21 号
邮编:401331
电话:(023) 88617190 88617185(中小学)
传真:(023) 88617186 88617166
网址:http://www.cqup.com.cn
邮箱:fxk@cqup.com.cn(营销中心)
全国新华书店经销
重庆升光电力印务有限公司印刷

*

开本:787mm×1092mm 1/16 印张:12.75 字数:190 千
2023 年 8 月第 1 版 2023 年 8 月第 1 次印刷
ISBN 978-7-5689-4044-3 定价:88.00 元

前　言

　　岩溶信息系统研究是地理信息系统研究的重要分支,是岩溶研究的重要方向。在岩溶信息系统研究中,碳酸盐岩研究是重要的组成部分。地学人工智能(Geo Agent)和图像分析技术都是地理信息系统研究中前沿的研究分支,都可以在碳酸盐岩研究中得到广泛的应用。传统的岩溶研究中,有比较成熟的碳酸盐岩研究方法,将地学人工智能和图像分析技术引入碳酸盐岩研究,和传统碳酸盐岩研究方法(The Traditional Carbonate Research Method,TCRM)得到的结果相互验证,是很好的学术前沿拓展手段。传统碳酸盐岩研究方法广泛使用了岩石显微镜进行碳酸盐岩的岩性分析,将地学人工智能和图像分析技术引入碳酸盐岩研究一般不会新增研究设备成本。传统的碳酸盐岩研究方法一般使用自然语言,将碳酸盐岩研究中使用的自然语言形式化有利于地学人工智能和图像分析技术在碳酸盐岩研究中的应用。碳酸盐岩的孔隙度研究是比较容易引入地学人工智能和图像分析技术的领域。

　　在岩溶研究中,碳酸盐岩的孔隙度是重要的岩溶研究指标,可以用于碳酸盐岩的岩溶发育速度的计算。因此,利用碳酸盐岩岩石图像结合地学人工智能和图像分析技术进行碳酸盐岩的孔隙度研究在岩溶研究中有重要意义。在碳酸盐岩的图像分析研究中,有穷自动机是重要的算法基础,在本书中起着重要作用。将岩溶研究自然语言形式化,也有利于将计算机学科的最新进展引入岩溶研究中,对非地学专业的研究生进行碳酸盐岩研究是很好的帮助。

　　在将岩溶研究的自然语言形式化过程中,有穷自动机是很好的自然语言形式化途径。碳酸盐岩地层中往往在岩溶土壤和岩溶水中存在大量微生物,这些微生物对碳酸盐岩地层中碳酸盐岩的孔隙度发育有着重要意义,对碳酸盐岩地层的氮、碳、硫等元素的循环研究也非常重要。通过对碳酸盐岩地层中的岩溶微生物的研究,可以预测碳酸盐岩孔隙度的变化及其对碳酸盐岩单轴抗压强度的影响。因此,在碳酸盐岩研究中进行岩溶微生物对碳酸盐岩孔隙度影响的研究是十分有必要的。在岩溶微生物研究中,16S rDNA 技术是比较成熟的微生物研究技术,研究成本也比较适合进行碳酸盐岩孔隙度研究。本书就广泛地使用了 16S rDNA 技术。苏北地区有碳酸盐岩存在,可以进行碳酸盐岩的孔隙度研究。苏北地区的碳酸盐岩分布和西南地区的碳酸盐岩分布有着显著的不同,因此,也是很好的碳酸盐岩研究区域。本书由自然资源部国土卫星遥感应用重点实验室开放基金资助(编号:KLSMNR—G202220)。

匡鸿海

2023 年 3 月

目　录

第 1 章 绪 论

1.1 研究的意义

　　岩溶作用对可溶性岩有重要影响。苏北碳酸盐岩地区是一个非常值得关注的岩溶研究区域。从岩溶作用的一般规律来看,在碳酸盐岩地区,如果有岩溶水的分布,就一定会发生岩溶化学反应。由于岩溶作用的基本原理,碳酸盐岩与岩溶水之间的岩溶反应过程受很多因素的影响,因此,对有碳酸盐岩和岩溶水存在地区的岩溶作用的研究有着非常重要的意义。从岩溶作用的基本原理可知,如果要在一个研究区域开展岩溶研究应该至少具备以下两个基本条件:一是研究区有可溶性岩如碳酸盐岩分布,二是可溶性岩与岩溶水可以接触。为了保证岩溶研究的顺利进行,研究区地层间压力条件与温度条件应该在研究开始前调查清楚,这里说的可溶性岩一般是指碳酸盐岩。如果研究区的可溶性岩地层中碳酸盐岩等和岩溶水的固液接触面是广泛分布的,固液接触面附近有黄铁矿、长石等矿物分布,岩溶水中有微生物存在,那么岩溶作用在当地岩石圈水碳氮硫物质循环中将起着非常重要的作用,表现为微生物在能量获得过程中改变岩溶水的 pH 值,也可以表现在改变岩溶水的水化学过程。这一过程可能改变可溶性岩地层中碳酸盐岩的孔隙发育,使岩石的抗压强度与岩石孔隙变化密切相关。可溶性岩地层孔隙的改变一定会反映到岩石试件孔隙度和岩石玻片孔隙度上。理论上讲,用 TCRM 获得的同一地层岩石样本的平均孔隙度和用图像分析法获得的平均孔隙度应该是接近的。因此,可以用 TCRM 和图像分析法共同对相同地层孔隙度进行研究,将结果相互验证。如果研究区在历史上进行了较长时间的岩溶研究,图像分析法的孔隙度也可以和 TCRM 历史数据库中的记录进行比较。TCRM 和图像分析法获得的孔隙度都可以按照本书研究方法中的公式计算出岩溶发育速度(mm/ka)。在 TCRM 中,可重复的室内实验方法设计是重要的研究内容。如果能设计一套可重复的、具备良好说服力的室内岩溶模拟实验方法,成本可以控制在多数岩溶实验室接受的范围内,将极大地提高岩溶研究的效率。

岩溶研究的方法很多,但多数是使用 TCRM 进行岩溶研究。本书以图像分析法对碳酸盐岩的孔隙度和岩溶发育速度进行研究,有比较好的创新性。使用 TCRM 计算岩石孔隙度、岩溶发育速度和岩溶水渗透率的苏北碳酸盐岩地层区域将是验证碳酸盐岩图像分析结果的良好区域。岩溶研究可以将图像分析法的研究结果与使用其他方法获得的研究结果进行比较,并确定图像分析算法是否需要改进。对于其他研究人员来说,这样的图像分析法更具说服力。与图像分析法相比,TCRM 具有一定的优势。TCRM 在实际工程应用中比图像分析法更常用,这是因为多数研究人员认为,TCRM 提供的结果能够更准确地描述碳酸盐岩地层。此外,多数研究人员通常认为 TCRM 更容易理解。与图像分析方法相比,TCRM 也有许多缺点。例如,当使用 TCRM 进行岩溶水渗透研究时,如果测试一个样本需要 1 ~ 3 天,则测试 300 个样本需要将近一年半的时间。因此,与 TCRM 相比,图像分析法在碳酸盐岩的岩溶研究中具有明显的时间优势。

很多论文中的岩溶发育速度都是通过 TCRM 获得的,本书研究采用图像分析法获得岩溶发育速度,是比较好的岩溶研究创新。如果不考虑碳酸盐岩样品的采集成本,碳酸盐岩试件和玻片的加工成本并不高。因此,将碳酸盐岩试件和玻片用于岩溶研究有比较广泛的前景。偏光显微镜是高校广泛使用的岩石孔隙图像获得设备,其价格比较适合更多的学者重复本研究。使用分辨率更高的岩石孔隙图像获得设备,可能会限制没有这些设备的学者进行重复研究。不同于传统碳酸盐岩研究方法,碳酸盐岩的图像孔隙分析法是重复的人越多,算法算子的验证次数就越多,图像分析算法就越可靠,图像分析得到的岩溶研究结果准确度也就越高,所以,在研究之前一定要考虑岩石孔隙图像获得设备的普及情况。为了便于其他学者重复,图像分析法及配套代码一定要尽可能开源共享。目前国内工程建设部门装备的岩石孔隙图像获得设备都很先进,偏光显微镜的研究方法可以和该设备兼容。因此,偏光显微镜是合适的可溶性岩孔隙图像获得设备。在用图像分析法进行碳酸盐岩研究时不能只考虑硬件,还必须关注软件的使用。在碳酸盐岩图像分析中使用的软件可通过某些单一功能来实现,例如,将孔隙度结果转为孔隙度圈图可以使用 ImageJ2x,对碳酸盐岩图像的预处理可以借助 Photoshop 之类的常见软件;在将图像分析法的结果进行算法迭代的过程中,最好使用编程语言如 c#+Scilab(或 MATLAB)以编程的方式完成;利用基于 TCRM 获得的研究结果作为迭代标准逐步逼近正确的算子是比较容易被同行接受的方法。在介绍图像分析法进行岩溶研究时,一定要先将后文所说的图像分析法进行岩溶研究的原理解释清楚。在利用图像分析法进行岩溶研究时,基础算法的选择要慎重,自然语言的形式化是很好的算法实现手段。

　　如果碳酸盐岩分布区有广泛的碳酸盐岩与岩溶水的固液接触面分布,那么微生物借助岩溶水很容易通过土壤和碳酸盐岩孔隙向碳酸盐岩地层深部渗流。如果碳酸盐岩地层含有黄铁矿、长石等矿物,以硝化菌、硫化菌为代表的微生物很可能随着岩溶水在碳酸盐岩地层中广泛分布。这些微生物为维持自身的生存,很可能改变水中 H^+ 浓度,加快岩溶发育速度,干预水、碳、氮、硫物质循环过程,对碳酸盐岩地层中的孔隙起扩张作用。这些微生物的来源是值得研究的,是图像分析法岩溶研究和基于 TCRM 的室内岩溶研究进行对比的重要补充。人类的农业行为对当地岩溶水中微生物的影响也值得关注。16S rDNA 技术是合适的开展岩溶微生物研究的方法。这是因为 16S rDNA 技术对样品重量要求不高,学术硕士也可以轻易携带大量样本步行。16S rDNA 技术测试成本不贵,学生学习阶段出错造成的经济损失也可以接受。16S rDNA 技术、TCRM 和偏光显微镜图像分析法兼容性比较好,研究成果可以较好地解释 TCRM 和偏光显微镜图像分析法的结果。另外,16S rDNA 技术对有穷自动机较为友好,研究中使用的开源代码比较适合 GIS 学生迅速上手。

自然语言是我们在生活中最重要的交流工具,但对程序员来说最常使用的是形式语言。笔者曾碰到学自然地理的学术硕士请学 GIS 的学术硕士帮忙处理数据,学自然地理的学术硕士用自然语言描述了很久如何计算岩溶指数,但学 GIS 的学术硕士始终没有明白对方的需求,自然也就没办法帮忙。笔者告诉学自然地理的学术硕士将数据处理过程按输入、处理、输出三阶段细化到公式或是否为逻辑值,学 GIS 的学术硕士很快就解决了问题。事实证明,学自然地理的学术硕士使用的自然语言难以清楚地描述问题。这给作者留下了深刻印象,从侧面提醒了笔者在岩溶编程团队开发中必须重视自然语言的形式化。学 GIS 的学术硕士在本科阶段的数学学习难度多数高于地理科学,但和计算机系、数学系比还是有差别,因此,基于有限群、小波分析或泛函等的自然语言形式化,岩溶编程团队的程序员可能实现起来有困难。图像分析法的算法难度太大,也会限制参与研究的同行人数,不利于地学人工智能的技术应用。但很多学校自动机通选课程开设得比较广,很多非计算数学专业的学生都比较熟悉利用自动机进行自然语言的形式化。有文科专业的科研人员进行了自然语言的形式化尝试[1],GIS 学术硕士的数学能力应该更好一些,自然语言的形式化的效果也应该更好些。有穷自动机是自动机中常见的一种,它的优点是逻辑程度高,易于程序员理解,比较适合基于地学人工智能的 GIS 开发,可以轻易移植到以图像分析法、TCRM 和 16S rDNA 技术为代表的岩溶研究方法中。因此,有穷自动机是合适的岩溶研究自然语言形式化和智能岩溶研究的实现手段。

中国苏北地区的碳酸盐岩分布,可以进行碳酸盐岩的岩溶研究。本书所称的苏北地区位于中国江苏省北部地区,包括连云港、盐城、淮安与徐州等地区。苏北地区的岩溶作用能否发生,其前提条件首先是该区域有可溶性岩石如碳酸盐岩分布,同时存在与碳酸盐岩相接触的岩溶水,否则苏北地区岩溶作用就无从发生;其次是当地的岩溶水中 CO_2 含量不能太低,从而具备对碳酸盐岩的溶蚀能力,如果岩溶水中 CO_2 含量太低,即使碳酸盐岩和岩溶水发生接触,岩溶作用也很难发生。在具备上述两个因素的条件下,如果碳酸盐岩的孔隙度比较高,岩石的单轴抗压强度较弱,岩溶水通过碳酸盐岩孔隙形成透水作用,使岩溶水能透过岩石产生流动,则岩溶发育速度会显著加快。常见的可溶性岩石包括碳酸盐类岩石、硫酸盐类岩石和卤盐类岩石。苏北地区碳酸盐类岩石的矿物成分主要是方解石。当地采集的碳酸盐岩的主要成分是方解石[2],部分地层有当地特有的矿物。

如果苏北地区只有碳酸盐岩分布,而没有良好溶蚀能力的岩溶水存在,岩溶作用也很难发生。自然界中纯水的溶蚀力是十分微弱的,只有含 CO_2 的岩溶水才能对碳酸盐类岩石产生溶蚀作用。因此,岩溶水的存在是苏北地区岩溶作用存在的前提。苏北碳酸盐岩地区大气降水经地表土壤后渗入碳酸盐岩地层的水分中也存在一定的 CO_2 含量[3]。碳酸盐岩地区大气降水进入岩溶水后会有一些 N^{3-} 和 NH_4^+,对苏北碳酸盐岩地区的岩溶作用有明显影响。苏北碳酸盐岩地区采集的岩溶水样本中,也有一些样本含有 SO_4^{2-} 或 SO_3^{2-},对碳酸盐岩地区的岩溶作用也会有明显影响。综上所述,苏北地区碳酸盐岩地层中的岩溶水具备一定的溶蚀力。

如果苏北地区仅有可溶性岩和岩溶水分布,还不能说苏北地区可以进行岩溶研究。苏北地区的碳酸盐岩地层采集的碳酸盐岩样本岩块的密度大、矿物结构致密、孔隙率小、连通性差、岩块的透水性比较弱。鉴于岩溶作用的一般原理,当含碳岩溶水与碳酸盐岩表面接触后随即饱和,由此导致碳酸盐岩地层的岩溶作用主要发生在碳酸盐岩与岩溶水的固液接触面,岩块内部无岩溶作用发生,从而导致苏北地区地表岩溶地貌不明显。苏北地区的部分碳酸盐岩地层受区域地壳构造运动而形成各种破碎面、断裂裂隙、地层错动带。这些结构面成了苏北碳酸盐岩地层中岩溶水的流动通道,对岩溶作用起着促进作用。

苏北地区气候的垂直分带不明显,浅近地表的岩溶水温度比较接近。如果岩溶水中有硝化菌、硫化菌之类的微生物,则可能改变岩溶水中的 NH_4^+ 和 SO_4^{2-} 等的浓度,从而改变岩溶水中 H^+ 的数量,对岩溶作用的影响就不能忽视了。生活在岩溶土壤中的植物根系表面的岩溶微生物,经过岩溶水的淋溶作用,依靠岩溶水进入碳酸盐岩地层的孔隙内部,为维持自身的生存,产生的代谢物与碳酸盐岩地层中的矿物或岩溶水中的离子发生反应,可能以改变岩溶水的 pH 值或 CO_2 含量的方式对当地碳酸盐岩地层中的岩溶作用产生影响。因此,利用 16S rDNA 技术进行苏北碳酸盐岩地层的微生物研究,是苏北地区岩溶研究的重要组成部分。

综上所述,从碳酸盐岩地区进行岩溶研究所需要条件来看,苏北碳酸盐岩地区基本满足岩溶研究的基本条件,适合进行全面的碳酸盐岩地区的岩溶研究。在苏北地区,西南大学进行了较多的基于 TCRM 的岩溶研究,其主要针对苏北碳酸盐岩地区的碳酸盐岩孔隙度、岩溶发育速度进行了深入的研究,为利用图像分析法进行岩溶研究打下了良好的基础。苏北地区的岩溶水中有多种微生物的分布,这些微生物分布于碳酸盐岩地区的岩溶土壤和岩溶水中,为 16S rDNA 技术的使用提供了可能。16S rDNA 技术的研究成果也可以用于对比和解释 TCRM 与图像分析法的研究结果。本书使用的碳酸盐岩图像分析岩溶研究,是岩溶研究的重要创新,因此本书中的研究是非常重要的,值得进一步研究。

1.1.1　为什么要进行苏北岩溶图像分析研究?

苏北碳酸盐岩地区发现的岛状分布的较纯净碳酸盐岩,为苏北碳酸盐岩地区的岩溶研究提供了良好的地学背景。岩溶研究是比较成熟的学科领域,经历了较长时间的历史发展,形成了比较稳定的传统碳酸盐岩研究技术,在这方面很难形成全新的、他人没有实验过的碳酸盐岩研究方法,实现岩溶研究的领域创新比较困难。而岩溶图像分析研究是很好的岩溶研究创新,是岩溶研究和信息科学的交叉领域。信息科学的最新进展可以快速地促进岩溶研究的发展,使岩溶研究可以跟上信息科学发展的步伐。岩溶图像分析研究还可以全面更新岩溶研究的实现途径,将岩溶研究引入应用数学的最新研究成果,是非常重要的岩溶研究方法。由于图像分析技术的进步,在互联网上的代码托管网站有很多图像分析的开源函数和代码,为岩溶图像分析研究的算法实现提供了大量的编程基础,是将岩溶研究引入现有其他学科研究成果的重要实现手段。传统的碳酸盐岩研究方法参与研究人员有岗位编制限制,而使用碳酸盐岩玻片的偏光显微图像进行碳酸盐岩的图像分析岩溶研究,可以将图像和源代码以开源托管的方式上传到代码托管网站上,让所有对开源代码的改进感兴趣的研究人员一起参与碳酸盐岩的图像分析岩溶研究。因此,碳酸盐岩的图像分析岩溶研究的参与者会远远多于碳酸盐岩 TCRM 研究的参与者。由于碳酸盐岩岩性分析的需要,苏北碳酸盐岩地区采集了不少碳酸盐岩偏光显微图像,这些碳酸盐岩偏光显微图像为碳酸盐岩的图像分析岩溶研究奠定了良好的数据基础与研究基础。在苏北碳酸盐岩地区积累的碳酸盐岩 TCRM 研究数据,也为苏北碳酸盐岩地区的图像分析岩溶研究提供了良好的对比研究基础,使在苏北碳酸盐岩地区进行碳酸盐岩的图像分析岩溶研究成为可能。苏北碳酸盐岩地区进行的岩溶研究,对其他碳酸盐岩地区有较好的岩溶研究示范意义。苏北碳酸盐岩地区的图像分析岩溶研究可以为其他类似的碳酸盐岩地区的图像分析岩溶研究提供一个良好的先例,为其他地区的碳酸盐岩图像分析岩溶研究制订一整套碳酸盐岩图像分析岩溶研究的规范。这一碳酸盐岩图像分析岩溶研究规范包括碳酸盐岩采样点的选择、碳酸盐岩样品的选择与采集、碳酸盐岩试件的加工与制作、碳酸盐岩玻片的磨制与加工、碳酸盐岩显微图像的采集与预处理、与 TCRM 研究数据的对比分析、图像分析算法的迭代与改进等。本书希望能利用苏北碳酸盐岩地区的图像分析岩溶研究,制订一整套可重复的、可以在其他碳酸盐岩地区进行验证的图像分析岩溶研究规范。碳酸盐岩的图像分析岩溶研究不能仅停留在算法推导阶段,一定要找一个典型的碳酸盐岩地区,以和 TCRM 对比研究的方式,完整地进行碳酸盐岩的图像分析岩溶研究,这样才能知道碳酸盐岩的图像分析岩溶研究是否可行,图像分析岩溶研究的算法是否准确,图像分析岩溶研究得到的岩溶发育速度的值和 TCRM 得到的值是否接近,能否相互验证。所以在苏北碳酸盐岩地区进行图像分析岩溶研究是非常有必要的。

苏北碳酸盐岩地区的图像分析岩溶研究,最早起源于地理信息系统专业的计算机图形学本科教学。在计算机图形学本科教学中,任课教师最早发现碳酸盐岩玻片的偏光显微图像在作为黑白二值化阈值处理得到的百分比和碳酸盐岩 TCRM 获得的碳酸盐岩孔隙度值比较接近。在碳酸盐岩偏光显微图像的黑白二值化处理中可以利用阈值进行碳酸盐岩的孔隙研究,并得到了学生的重复验证,说明这一想法是可行的。在计算机图形学的课堂教学中,学生对形式语言的掌握超出了教师的预期。和自然语言相比,认真学习的学生对形式语言理解的比自然语言明显更容易。在计算机图形学的课堂教学中,多数学生觉得有穷自动机更容易理解。但计算机图形学的常见算法是不能直接用于碳酸盐岩的图像分析岩溶研究的,这些计算机图形学与数字图像处理课程当中的常见图形图像处理算法都必须经过基于目标值对比研究迭代的过程,实现碳酸盐岩的图像分析算法迭代,找到合适的碳酸盐岩黑白二值化算法阈值,才能用于碳酸盐岩的图像分析岩溶研究。在以往的碳酸盐岩研究中,很难找到碳酸盐岩图像分析岩溶研究的先例,本书结合苏北碳酸盐岩图像分析岩溶研究摸索了碳酸盐岩图像分析的步骤。图像分析的算法理论研究如果要用于碳酸盐岩的岩溶研究,那么一定要找合适的碳酸盐岩地区进行岩溶研究,获得当地碳酸盐岩的主要岩溶指标后,通过和已经知道是正确的岩溶指标对比(如使用 TCRM 获得的岩溶指标),以此才能验证图像分析算法是可行的岩溶研究算法而不是数学推导。苏北碳酸盐岩地区是非常合适的图像分析岩溶研究地区,这是因为苏北碳酸盐岩地区出于岩性分析的需要,已经加工了碳酸盐岩玻片,采集了碳酸盐岩偏光显微图像。玻片的制作和碳酸盐岩偏光显微图像的采集,也不需要新增额外的加工成本,所以在苏北碳酸盐岩地区进行碳酸盐岩的图像分析岩溶研究不需要新增很多科研经费,是一种效费比较高的碳酸盐岩研究方法。

在使用 TCRM 进行碳酸盐岩的孔隙度研究时,不管是采用分形法还是压渗法,研究人员的劳动强度都很大。在科学的可重复性上,碳酸盐岩的分形法和压渗法对同一个碳酸盐岩的样品的孔隙度测试结果还是有所不同。碳酸盐岩的岩溶发育速度一般在 TCRM 中是借助碳酸盐岩的孔隙度获取的,如果碳酸盐岩的孔隙度有出入,则会影响碳酸盐岩岩溶发育速度的计算,从而影响碳酸盐岩地区岩溶研究的可信度。碳酸盐岩的图像分析岩溶研究则不同,研究人员的劳动强度比较小,容易被碳酸盐岩研究人员接受。如果是同一张碳酸盐岩偏光显微图像,使用相同的图像分析代码进行处理,得到的图像分析结果一定是一致的,且碳酸盐岩孔隙度值的可重复性比较高,适合其他碳酸盐岩研究人员进行结果验证。在碳酸盐岩图像分析岩溶研究中得到的碳酸盐岩孔隙度,是良好的碳酸盐岩样品的岩溶发育速度计算依据。碳酸盐岩样品的体积与质量较大,一个房间内碳酸盐岩样品太多对进入的人员的身体并不友好,所以碳酸盐岩样品不适合长期保存。而碳酸盐岩的图像分析岩溶研究使用的碳酸盐岩玻片和碳酸盐岩偏光显微图像却比较容易保存,比较容易形成完整的碳酸盐岩科研企业资源计划。

1.1.2　苏北岩溶图像分析研究包括哪些内容?

苏北碳酸盐岩地区的碳酸盐岩图像分析岩溶研究主要包括苏北碳酸盐岩偏光显微图像分析研究、苏北碳酸盐岩传统碳酸盐岩研究方法研究和基于 16S rDNA 的苏北碳酸盐岩地区岩溶微生物研究。其中苏北碳酸盐岩传统碳酸盐岩研究方法研究是作为苏北碳酸盐岩偏光显微图像分析研究的对比研究,希望通过两种方法对比研究的方式实现碳酸盐岩偏光显微图像分析研究中的算法迭代与结果逼近。苏北碳酸盐岩传统碳酸盐岩研究方法研究主要包括碳酸盐岩的 TCRM 历史研究数据整理和碳酸盐岩的室内模拟研究。当碳酸盐岩的 TCRM 历史研究数据可以作为碳酸盐岩图像分析岩溶研究的对比研究数据时,则使用碳酸盐岩的 TCRM 历史研究数据作为图像分析岩溶研究的对比研究基础;当碳酸盐岩的 TCRM 历史研究数据不足,不可以作为碳酸盐岩图像分析岩溶研究的对比研究数据时,则使用碳酸盐岩的室内模拟研究数据作为碳酸盐岩图像分析岩溶研究的对比数据。苏北碳酸盐岩地区的碳酸盐岩图像分析岩溶研究是将图像分析技术应用于碳酸盐岩的孔隙度与岩溶发育速度的早期尝试,因此,不能仅仅进行碳酸盐岩的图像分析研究,必须使用传统碳酸盐岩研究方法作为对比研究的验证目标。等图像分析岩溶研究的先例积累得足够多,碳酸盐岩的图像分析算法也足够成熟时,其他研究人员就会慢慢地接受这种全新的岩溶研究方法,从而不需要再使用碳酸盐岩的传统研究方法作为碳酸盐岩图像分析岩溶研究的对比方法,只要独立地进行碳酸盐岩的图像分析研究就可以了,此时多数人也不会再怀疑碳酸盐岩图像分析岩溶研究结果的准确性。基于16S rDNA 的苏北碳酸盐岩地区岩溶微生物研究是希望通过 16S rDNA 技术进行苏北碳酸盐岩地区岩溶水和岩溶土壤中岩溶微生物的分布位置、数量和种群,在此基础上结合苏北碳酸盐岩地层中的特有矿物,分析苏北碳酸盐岩地区岩溶微生物对当地岩溶作用的影响。以上三部分研究内容相互对照、相互解释,希望能较好地解释苏北岩溶作用的影响。

在最早的碳酸盐岩图像分析研究中,首先进行的是碳酸盐岩图像处理算法的获得。实际使用的各种碳酸盐岩偏光显微图像的像素点点阵差异很大,首先要做的是算法的统一。在算法的统一过程中发现很多同一采样地点不同时期采集的碳酸盐岩样本的偏光显微图像孔隙度有一定差别,不能通过算法或算子的调整缩减。这一现象说明可以借助图像分析法进行碳酸盐岩的孔隙度变化研究,进而进行碳酸盐岩岩溶变化的研究。在使用碳酸盐岩图像分析岩溶研究时,有时碳酸盐岩没有 TCRM 历史研究数据作为对比研究的依据,这就需要进行碳酸盐岩的室内模拟研究以获得碳酸盐岩的对比研究数据。在进行碳酸盐岩的室内模拟研究中,碳酸盐岩的单轴抗压强度测试的破片表面出现了孔隙中的疏松组织,破片孔隙中很多有苏北地区特有的矿物出现。为解释这些苏北地区特有的矿物来源,我们进行了碳酸盐岩的矿物来源分析,发现这些苏北地区特有的矿物和岩溶水中的岩溶微生物有密切的关系。我们通过对岩溶水中岩溶微生物的研究,发现苏北碳酸盐岩地区的岩溶微生物主要为硝化菌、反硝化菌和硫化菌等。这些岩溶微生物的硝化-反硝化作用和硫化-反硫化作用,结合碳酸盐岩地层中的特有矿物,严重更改了碳酸盐岩地层中的岩溶反应过程,形成了很多衍生物。这些岩溶微生物循岩溶水沿着碳酸盐岩地层中的孔隙向碳酸盐岩地层的深部发展,可能对碳酸盐岩地层中的孔隙、廊道等形成扩张作用,从而降低苏北碳酸盐岩地区碳酸盐岩的单轴抗压强度,对当地的工程建设会有比较大的影响。碳酸盐岩室内模拟研究结果可以作为碳酸盐岩图像分析岩溶研究的算法迭代的目标逼近值,以室内模拟实验的结果修正碳酸盐岩图像处理岩溶研究的算法。

　　综上所述,苏北碳酸盐岩地区碳酸盐岩图像分析岩溶研究主要包括碳酸盐岩图像分析岩溶研究(主要以碳酸盐岩偏光显微图像以图像处理的方式获得碳酸盐岩样本的孔隙度和岩溶发育速度)、基于 TCRM 的苏北碳酸盐岩历史研究数据整理、基于 TCRM 的苏北碳酸盐岩岩溶室内模拟研究和苏北碳酸盐岩地区的岩溶微生物研究等方面。在苏北碳酸盐岩地区的碳酸盐岩图像分析岩溶研究中,基于 TCRM 的苏北碳酸盐岩历史研究数据整理、基于 TCRM 的苏北碳酸盐岩岩溶室内模拟研究获得的苏北碳酸盐岩地区的碳酸盐岩孔隙度,被用作碳酸盐岩图像分析岩溶研究中结果逼近和算法迭代的依据。通过和基于 TCRM 的苏北碳酸盐岩历史研究数据整理、基于 TCRM 的苏北碳酸盐岩岩溶室内模拟研究获得的碳酸盐岩孔隙度进行结果逼近,苏北碳酸盐岩地区的碳酸盐岩偏光显微图像的处理算法以逐步迭代逼近的方式接近正确值。这个过程的可重复性很高,比较适合在其他碳酸盐岩地区推广。通过碳酸盐岩图像分析岩溶研究得到的碳酸盐岩孔隙度的变化趋势,可以借助苏北碳酸盐岩地层中的岩溶微生物对碳酸盐岩地层岩溶作用的影响加以解释。这个利用岩溶微生物进行岩溶作用的解释,有严密递进的科学逻辑,比较容易得到其他碳酸盐岩地区研究人员的理解与支持。

1.1.3　如何进行苏北岩溶图像分析研究？

目前使用碳酸盐岩的偏光显微图像进行碳酸盐岩图像分析岩溶研究必须考虑如何说服其他碳酸盐岩研究人员接受这一全新的碳酸盐岩研究方法。而碳酸盐岩的传统研究方法已经很成熟，一般没有碳酸盐岩研究人员会怀疑碳酸盐岩的 TCRM 研究的数据，所以碳酸盐岩的传统研究方法是很好的、具有良好接受度的碳酸盐岩图像分析岩溶研究的验证方法。碳酸盐岩图像分析岩溶研究得到的碳酸盐岩孔隙度、碳酸盐岩岩溶发育速度等指标，也是传统碳酸盐岩研究中经常得到的碳酸盐岩指标，因此，两种研究方法得到的碳酸盐岩孔隙度、岩溶发育速度等指标，都是很好的相互验证的对比研究数据。笔者在苏北碳酸盐岩地区进行了较长时间的碳酸盐岩岩溶研究，对苏北碳酸盐岩的常见孔隙度和岩溶发育速度的数值分布区间都很熟悉，所以非常适合用两种碳酸盐岩岩溶研究方法进行对比研究。因此，苏北碳酸盐岩图像分析岩溶研究主要通过对比研究的方式进行。在苏北碳酸盐岩地区进行两种方法的对比研究不同于其他碳酸盐岩地区，首先要整理苏北碳酸盐岩地区的碳酸盐岩 TCRM 历史研究资料，从中筛选出符合预期条件的碳酸盐岩的 TCRM 历史研究数据，找出满足苏北碳酸盐岩地区图像分析岩溶研究需要的碳酸盐岩采样点，在此基础上点验该碳酸盐岩采样点的碳酸盐岩偏光显微图像是否齐全，如果不齐全，检查碳酸盐岩玻片是否还保存良好，能否在当前被偏光显微镜使用。要重点检查不同时期购置的岩石显微镜的分辨率是否足以支持当前的碳酸盐岩图像分析岩溶研究。对于分辨率较低的碳酸盐岩偏光显微图像是否可以借助碳酸盐岩玻片重新采集偏光显微图像？不能重新借助碳酸盐岩玻片采集偏光显微图像时是否可以以软件手段提高碳酸盐岩偏光显微图像的分辨率？这些都需要仔细分析可行性。当碳酸盐岩偏光显微图像点验齐备时，要注意检查碳酸盐岩偏光显微图像对应的碳酸盐岩试件的 TCRM 得到的碳酸盐岩孔隙度等指标是否齐全。如果没有对应的碳酸盐岩试件的碳酸盐岩孔隙度等指标，碳酸盐岩偏光显微图像对应的碳酸盐岩试件是否还保存良好,是否还可以利用 TCRM 得到当前碳酸盐岩试件的孔隙度等指标? 碳酸盐岩试件没有保存良好或已经丢弃时,该碳酸盐岩采集点能否重新进行碳酸盐岩样本的采集? 不能重新进行碳酸盐岩样本采集时该如何处理? 如果碳酸盐岩偏光显微图像对应的碳酸盐岩试件是齐备的,那么可以通过室内模拟研究的方式进行碳酸盐岩的 TCRM 研究,以此途径获得碳酸盐岩的孔隙度等指标,作为碳酸盐岩图像分析岩溶研究的数据基础。完成以上步骤后,应该进行碳酸盐岩偏光显微图像的图像分析研究,通过对碳酸盐岩偏光显微图像的像素点点阵 RGB 值和灰度值进行分析,首先确定图像分析的大类算法。对碳酸盐岩偏光显微图像适用大类算法得到的图像孔隙度等指标,和碳酸盐岩 TCRM 获得的值相对比,观察二者是否在同一数量级上。如果二者不在同一数量级,说明大类算法需要进一步替换;如果二者在同一个数量级上,说明大类算法可行,可以通过算子的拟合进一步使二者接近。这样就可以借助碳酸盐岩 TCRM 的研究值,修正碳酸盐岩图像分析岩溶研究的算法,得到准确的碳酸盐岩图像分析岩溶研究的算法。算法确定后,要注意分析岩溶土壤和岩溶水中的岩溶微生物对苏北碳酸盐岩地区的岩溶作用的影响。对苏北碳酸盐岩地区的岩溶微生物研究,可以从岩溶水中的 H^+ 含量和 NO_3^-、SO_4^{2-} 等含量变化的原因入手进行研究,推算碳酸盐岩的孔隙度发育趋势是扩张还是稳定,以及对碳酸盐岩的单轴抗压强度有何影响。苏北碳酸盐岩地区的岩溶微生物的来源可能很多,但对岩溶作用的影响方式一般都是通过岩溶水中的 H^+ 和 NO_3^-、SO_4^{2-} 等来实现的。按照以上步骤,就可以完成苏北岩溶图像分析研究。

碳酸盐岩图像分析岩溶研究是新兴的技术,一定要高度重视研究的创新性。一个经常有奇怪的、与众不同的行为的研究生或高年级本科生,在碳酸盐岩图像分析岩溶研究团组中是非常受欢迎的。因为他们可能给碳酸盐岩图像分析岩溶研究带来意想不到的创新点,也许这些创新点有的并不可行,无法以编码的方式加以实现,但任何奇怪的、荒诞的碳酸盐岩图像分析岩溶研究想法,对碳酸盐岩图像分析岩溶研究团组的其他研究人员的思维拓展都有极大的帮助。当碳酸盐岩图像分析岩溶研究团组的成员聚在一起开会讨论研究进展时,需要的是研究团组的所有成员一起脑洞大开,想法对不对不要紧,重要的是要有想法。碳酸盐岩图像分析岩溶研究团组中的新参加者,如刚入校的硕士研究生,可能会出于谨慎或畏惧而闭口不言。这就需要对碳酸盐岩图像分析岩溶研究团组的新参加者以正面鼓励为主,要鼓励新参与者开口,不能让研究团组中有人闭口不言。要禁止研究团组成员对新参加者说的一些明显是科学错误或者是科学谬误的话进行批评或嘲笑,这样可能使新参加者不敢在碳酸盐岩图像分析岩溶研究讨论中开口表达自己的观点。事实上这些年轻的刚入门的研究人员,是碳酸盐岩图像分析岩溶研究的重要创新人群。

1.2 国内外研究现状

1.2.1 国内研究现状

目前国内使用 TCRM、图像分析法和 16S rDNA 技术进行碳酸盐岩研究的成果很多。在利用图像分析法进行岩石孔隙研究时,彭瑞东等人研究了基于灰度 CT 图像的岩石孔隙分形维数计算[4]。王家禄等人研究了应用 CT 技术研究岩石孔隙变化特征[5]。邵维志等人进行了低孔隙度低渗透率岩石孔隙度与渗透率的关系研究[6]。张顺康等人进行了岩石孔隙中微观流动规律的 CT 层析图像三维可视化研究[7]。这些论文都使用了图像分析技术进行岩石孔隙研究,为本书提高了良好的国内先例。张吉群等人研究了孔隙结构图像分析方法及其在岩石图像中的应用[8]。孙文峰等人研究了页岩孔隙结构表征方法新探索[9]。廉培庆等人研究了基于 CT 扫描图像的碳酸盐岩油藏孔隙分类方法[10]。孔强夫等人研究了基于图论聚类和最小临近算法的岩性识别方法[11]。谢淑云等人研究了基于岩石 CT 图像的碳酸盐岩三维孔隙组构的多重分形特征研究[12]。

这些论文都探讨了使用图像分析技术进行岩石孔隙研究的算法，坚定了笔者使用有穷自动机进行碳酸盐岩图像分析岩溶研究的想法。王晨晨等人研究了碳酸盐岩双孔隙数字岩心结构特征分析[13]。王登科等人研究了温度冲击下煤体裂隙结构演化的显微 CT 实验研究[14]。柴华等人研究了高清晰岩石结构图像处理方法及其在碳酸盐岩储层评价中的应用[15]。秦玉娟等人研究了电子探针背散射电子图像在碳酸盐岩微区分析中的意义[16]。王凤娥等人研究了 MATLAB 环境下岩石 SEM 图像损伤分形维数的实现[17]。这些论文都探讨了使用图像分析技术进行碳酸盐岩的分形与内部结构研究，启示了本书使用图像分析技术进行碳酸盐岩的孔隙 3D 模型研究。叶润青等人研究了基于多尺度分割的岩石图像矿物特征提取及分析[18]。程国建等人研究了基于概率神经网络的岩石薄片图像分类识别[19]。王卫星等人研究了基于分数阶微分的岩石裂隙图像增强[20]。党福星等人研究了利用 CBERS-1 CCD 数据进行地质矿产信息提取方法[21]。李建胜等人研究了基于显微 CT 试验的岩石孔隙结构算法[22]。这些论文都尝试了使用不同岩石图像获得设备进行岩石孔隙研究，告诉笔者在碳酸盐岩孔隙图像研究中不能一味地依赖硬件。匡鸿海等人研究了基于有穷自动机的碳酸盐岩图像与多孔地层微生物研究[23]。王昕旭等人研究了偏最小二乘回归在孔隙度预测中的应用[24]。朱星磊等人研究了喀斯特地区支持向量机算法的应用[25]。这些论文都试图用算法迭代的方式进行岩石孔隙度的研究，向本书说明了在碳酸盐岩图像分析研究中形式算法迭代的重要性。方黎勇等人研究了基于显微 CT 图像的岩芯孔隙分形特征[26]。Zhang Yuling 等人进行了基于 Canny 边缘检测算子混合算法的二维岩石图像裂缝提取与修复研究[27]。Ge Yunfeng 等人进行了基于图像分析的岩石节理粗糙度描述研究[28]。Liu Shi 等人进行了太行石灰岩高温强度特性和孔隙特征的 X 射线 CT 分析研究[29]。这些论文都尝试利用智能算法进行岩石孔隙度研究，告诉笔者必须重视算法的优化与可重复性。

在利用 TCRM 进行碳酸盐岩研究方面，刘宇坤等人研究了碳酸盐岩超压岩石物理模拟实验及超压预测理论模型[30]。张家政等人进行了南堡凹陷周边凸起地区碳酸盐岩成岩作用与孔隙演化研究[31]。王璐等人进行了缝洞型碳酸盐岩储层气水两相微观渗流机理可视化实验研究[32]。这些论文都说明利用 TCRM 进行碳酸盐岩地层孔隙研究是有先例的。陈昱林等人研究了川西龙门山前雷口坡组四段白云岩储层孔隙结构特征及储层分类[33]。寿建峰等人进行了深层条件下碳酸盐岩溶蚀改造效应的模拟实验研究[34]。刘宏等人进行了四川盆地震旦系灯影组古岩溶地貌恢复及意义研究[35]。刘民生进行了四川盆地及盆周地区深部岩溶地下水的循环模式分析研究[36]。黄芬等人进行了岩溶系统中土壤氮肥施用对岩溶碳汇的影响研究[37]。这些论文说明传统碳酸盐岩研究方法是可以提供比较准确的岩石水理性质等参数的,本书可以参照这些方法获得碳酸盐岩的水理性质参数和图像分析法得到的研究结果对比。蒋小琼等人进行了埋藏成岩环境碳酸盐岩溶蚀作用模拟实验研究[38]。彭军等人进行了塔里木盆地寒武系碳酸盐岩溶蚀作用机理模拟实验研究[39]。沈安江等人进行了基于溶蚀模拟实验的碳酸盐岩埋藏溶蚀孔洞预测方法研究[40]。刘琦等人进行了动水压力作用下碳酸盐岩溶蚀作用模拟实验研究[41]。佘敏等人进行了从表生到深埋藏环境下有机酸对碳酸盐岩溶蚀的实验模拟研究[42]。刘逸盛等人进行了厚层碳酸盐岩油藏宏观物理模拟实验研究[43]。田雯进行了桩海地区下古生界碳酸盐岩表生条件下溶蚀过程模拟实验研究[44]。刘宇坤等人进行了碳酸盐岩超压岩石物理模拟实验及超压预测理论模型研究[45]。朱洪林等人进行了碳酸盐岩超声波速度频散实验研究[46]。这些论文提供了很多岩溶室内模拟实验的研究方案,为本书的岩溶室内模拟实验提供了理论依据和对照方案。李宁等人进行了裂缝型碳酸盐岩应力敏感性评价室内实验方法研究[47]。冯庆付等人进行了四川盆地二叠系—三叠系碳酸盐岩核磁共振实验测量及分析研究[48]。谭飞等人进行了鄂尔多斯盆地奥陶系不同组构碳酸盐岩埋藏溶蚀实验研究[49]。杨云坤等人进行了基于模拟实验的原位观察对碳酸盐岩深部溶蚀的再认识研究[50]。这些论文研究了岩溶溶蚀过程中应该注意的事项,为本书的室内岩溶溶蚀实验的设计提供了理论基础。

在利用 16S rDNA 技术进行岩溶微生物研究方面,王建锋等人进行了岩溶槽谷区不同土地利用方式下土壤微生物特征研究[51]。裴希超等人进行了湿地生态系统土壤微生物研究[52]。连宾等人进行了岩溶生态系统中微生物对岩溶作用影响的认识研究[53]。范周周等人进行了岩溶与非岩溶区不同林分根际土壤微生物及酶活性研究[54]。这些论文关注了利用微生物进行岩溶研究,为本书提供了比较多的先例。张凤娥等人进行了埋藏环境硫酸盐岩岩溶发育的微生物机理研究[55]。段逸凡等人进行了岩溶区地下水微生物污染特征及来源研究[56]。车轩等人进行了脱氮硫杆菌的分离鉴定和反硝化特性研究[57]。张弘等人进行了基于 PCR-DGGE 和拟杆菌(Bacteroides)16S rRNA 的岩溶地下水粪便污染来源示踪研究[58]。吴雁雯等人进行了微生物碳酸酐酶在岩溶系统碳循环中的作用与应用研究[59]。沈利娜等人进行了不同植被演替阶段的岩溶土壤微生物特征研究[60]。Pu Junbing 等人进行了地下水补给的喀斯特河流中的河流内代谢和大气固碳研究[61]。这些论文研究了在利用微生物进行岩溶研究中可以使用的技术手段与技术指标,为本书使用的技术手段和技术指标指明了方向。姜磊等人进行了植被恢复的岩溶湿地沉积物细菌群落结构和多样性分析研究[62]。张欣等人进行了岩溶沉积物中微生物分离及对碳酸钙沉淀的影响研究[63]。杨再旺进行了会仙岩溶地下水微生物群落结构及硝化和反硝化功能基因的研究[64]。唐源等人进行了贵州喀斯特地区碳酸盐岩表生古菌群落结构及多样性研究[65]。这些论文的研究成果表明微生物可以干预岩溶水化学反应过程,为本书利用微生物研究解释碳酸盐岩的孔隙扩张提供了理论基础。

1.2.2　国外研究现状

在国外,有很多使用 TCRM、图像分析法和 16S rDNA 技术进行碳酸盐岩研究的论文,对本项研究有很强的借鉴意义。Sammartino 等人进行了沉积岩孔隙度的成像方法研究[66]。Robson 等人进行了基于深度学习和基于对象的碳酸盐岩岩石与冰川图像分析研究[67]。Hellmuth 等人进行了通过放射自显影和汞孔隙率测定和 X 射线计算机层析成像研究岩石孔隙度[68]。这些论文为本书提供了国外学者使用图像分析技术进行碳酸盐岩孔隙研究的先例。Nabawy 研究了利用数字图像分析（DIA）技术估算高孔隙度砂岩的孔隙度和渗透率[69]。Pret 等人研究了基于化学元素图图像处理的定量岩石学新方法[70]。Coskun 等人研究了通过图像分析估算碳酸盐岩初始含水饱和度的经验方法[71]。Ghiasi 等人研究了基于图像处理和智能模型的碳酸盐岩 Dunham 自动分类[72]。这些论文启示了本书使用图像分析技术进行碳酸盐岩水理性质研究。Ishutov 等人研究了 3D 打印构建多孔沉积岩模型[73]。Golreihan 等人研究了利用成像技术构建碳酸盐微化石的保存状态模型[74]。Yarmohammadi 等人研究了基于显微图像处理和分类算法的碳酸盐岩和砂岩储层微相分析[75]。Kurz 等人研究了不同碳酸盐岩岩性的高光谱图像分析[76]。Fusi 等人研究了汞孔隙率测量法作为提高低孔隙度碳酸盐岩显微 CT 图像质量的工具[77]。这些论文向本书阐明了利用图像分析技术进行碳酸盐岩阈值分类的方法与步骤。Maheshwari 研究了碳酸盐岩盐酸酸化实验与三维模拟的比较[78]。Munoz 等人研究了基于三维数字图像的碳酸盐岩单轴抗压力[79]。Saenger 等人研究了高围压下碳酸盐岩高分辨率 X 射线 CT 图像分析[80]。Prakash 等人研究了数字岩石层析成像数据最大似然期望最大化方法的多 GPU 并行化[81]。Selem 等人研究了储层条件下非均质碳酸盐岩低矿化度注水孔隙尺度成像与分析[82]。这些论文向本书启示了可以在碳酸盐岩水理性质研究使用可视化 3D 技术。Phan 等人研究了基于深度学习的三维数字岩石自动分割工具[83]。Ghiasi-freez 等人研究了通过图像处理和智能模型对碳酸盐岩进行 Dunham 自动分类[84]。Kramarov 研究了用数字图像相关法评价砂岩和页岩的断裂韧性[85]。Nadimi 进行了基于图像的碳酸盐岩砂一维压缩试验模拟研究[86]。这些论文为本书指明了在利用图像分析法进行碳酸盐岩孔隙研究时，必须注意自然语言的形式化。Sukop 进行了基于地质统计钻孔图像的碳酸盐岩含水层孔隙填图研究[87]。Santos 进行了通过代表性算子分析优化表征碳酸盐岩的图像分辨率参数研究[88]。Azizi 等人研究了利用岩体图像分析表示结构面间距和岩体描述对爆破岩石平均碎片尺寸影响的新方法[89]。这些论文向本书说明可以结合多种方法进行基于图像分析法的碳酸盐岩研究。

在利用 TCRM 进行碳酸盐岩研究方面,Willems 进行了尼日尔东部硅质岩溶成因研究[90]。Gutareva 等人进行了东西伯利亚南部自然和技术改造条件下的岩溶研究[91]。Kritskaya 等人进行了西高加索蒸发岩中岩溶特征的发育和分布特征研究[92]。Waring 等人进行了石灰岩洞穴中甲烷的季节性研究[93]。这些论文为本书提供了丰富多彩的基于 TCRM 的碳酸盐岩研究方法。Bonacci 等人进行了喀斯特环境的可持续性研究[94]。Shimokawara 等人进行了碳酸盐岩地层水岩相互作用实验研究和地球化学模拟研究[95]。Soleimani 等人进行了碳酸盐岩智能碳酸注水方法的实验研究[96]。Baechle 等人研究了碳酸盐岩中大孔隙率和微孔率在约束不确定性时渗透速度与渗透率相关系数的计算方法[97]。Seyyedi 等人研究了碳酸盐岩储层注入 CO_2 时孔隙结构发生变化的现象[98]。这些论文为本书提供了岩石水理性质的多种测量方法。Osorno 等人研究了碳酸盐岩宽孔隙度范围内大区域渗透率的有限差分计算[99]。Xu 等人研究了佛罗里达州伍德维尔平原通过岩溶孔隙的长距离海水入侵[100]。Lima Neto 等人研究了利用渗透速度-孔隙度-地层压力关系评价碳酸盐岩孔隙系统[101]。Heidari 等人研究了利用碳酸盐岩孔隙度研究对岩石脆性的影响[102]。这些论文为本书提供了岩石孔隙度对地层次生透水性的影响。Rajabzadeh 等人研究了岩石类别和孔隙度对碳酸盐岩单轴抗压强度的影响[103]。Bufe 等人研究了硅酸盐岩、碳酸盐岩和硫化物风化的共同变化后果[104]。Rötting 等人研究了碳酸盐岩溶解过程中的渗透率、持水曲线和反应表面积影响因素[105]。Ribeiro 等人研究了斯洛文尼亚岩溶平原的评价因素[106]。Chávez 等人研究了通过非侵入性 ERT-3D 方法检测墨西哥奇琴伊察金字塔下的岩溶发育情况[107]。这些论文为本书说明了碳酸盐岩孔隙度与岩溶发育的密切关系和孔隙度的多种研究方法。West 等人研究了在澳大利亚圣诞岛洞穴中使用 eDNA 条形码探测隐藏的地下岩溶发育情况[108]。Farsang 等人研究了碳酸盐岩溶解度约束下的深部碳循环[109]。这些论文为本书说明了碳酸盐岩岩溶发育研究的多种方法。

在利用 16S rDNA 技术进行岩溶微生物研究方面,Nebbache 等人进行了岩溶泉的浊度与微生物研究[110]。Arp 等人进行了德国岩溶水流中形成钙化的生物膜研究[111]。Jones 进行了开曼群岛喀斯特地区与植物根系和微生物相关的成岩过程研究[112]。Anderson 等人发现岩溶土壤 pH 值的迅速增加溶解了有机物,显著提高了微生物反硝化潜力[113]。Cirigliano 等人进行了意大利塔奎尼亚伊特鲁里亚托姆巴-德格利斯库迪岩溶地区微生物来源研究[114]。这些论文为本书提供了国外学者利用 16S rDNA 技术进行岩溶微生物研究的先例。Gérard 等人进行了墨西哥岩溶微生物群中的特定碳酸盐岩-微生物相互作用研究[115]。Moitinho 等人进行了巴西南部甘蔗区岩溶土壤 CO_2 排放和与微生物群相关的土壤属性研究[116]。Melekhina 等人进行了欧洲亚北极石油污染区土壤微生物群研究[117]。Swenson 等人进行了将土壤生物学和化学联系起来研究土壤微生物[118]。这些论文为本书提供了利用 16S rDNA 技术进行微生物影响岩溶化学反应研究的方法。O'Donnell 等人进行了土壤微生物学中的可视化、建模与预测研究[119]。Van Den Hoogen 等人进行了全球土壤线虫丰度和功能群组成研究[120]。这些论文为本书提供了利用 16S rDNA 技术进行微生物影响岩溶研究的数据表现形式。Keiluweit 等人进行了根系分泌物对土壤碳的矿物保护作用研究[121]。Jansson 等人进行了土壤微生物与气候变化研究[122]。Lehmann 等人进行了土壤微生物引起的土壤有机碳持久性研究[123]。这些论文为本书说明了利用 16S rDNA 技术进行微生物影响岩溶研究时,必须关注微生物代谢产物对岩溶研究的影响。

1.2.3　国内研究现状分析

国内在将计算机技术应用于碳酸盐岩时有一个值得怀疑的做法,那就是尽可能地提高设备的先进程度。从上面国内现状中应用的论文可以发现很多论文作者非常注重更新硬件研究设备,但却不重视对现有设备的使用。很多论文对硬件设备的使用主要表现在碳酸盐岩岩石图像的采集,对碳酸盐岩岩石图像的分析主要依靠设备自带软件或主流图像软件,缺少对碳酸盐岩岩石图像的深入分析。在很多论文中使用的设备对碳酸盐岩岩石图像的分析还停留在作者经验分析的阶段,缺少对碳酸盐岩岩石图像使用 MATLAB 等专业图像分析软件或自定义编程等途径的分析,让人怀疑这些设备是否得到了合适的使用。国内岩溶学者有一种很不好的观点,认为研究岩溶信息系统的学者都不是在进行岩溶研究。事实上任何理工类学科都需要一批人将信息科学的技术进展和本专业结合,这样才能使本专业得到正常的发展。岩溶研究的学者曾多次请笔者将其最新的电脑改装为 DOS(你没看错,是 DOS),以便安装在 DOS 下的岩溶软件。有时候请他们找电脑服务商去安装,往往碰到他们满脸苦涩地说已经找过了,但现在的电脑服务商已经没人会装 DOS。为他们装好 DOS 后很多人会说你水平真高的感谢话,实际上这些话让岩溶信息系统学者听起来非常刺耳,非常让人不舒服。难道岩溶信息系统的重要性就体现在会装 DOS? 购买先进的图像采集设备当然是十分重要的,但尽可能地挖掘现有碳酸盐岩图像获取设备的潜力也是非常重要的,不能忽视通过图像分析技术尽可能挖掘现有设备潜力的研究。

　　在国内的 TCRM 岩溶研究中,比较注意碳酸盐岩的基础岩溶研究。在利用碳酸盐岩与岩溶水进行岩溶研究方面有很多很好的研究先例。目前国内的 TCRM 岩溶研究已经进展得很好了,如果说国内的 TCRM 岩溶研究有什么不足,那么基础岩溶研究和工程岩溶研究之间的关系还有可以加强的地方。国内学者也想到了利用室内模拟实验进行岩溶研究,只是室内模拟研实验研究的岩溶背景条件如碳酸盐岩地层的压力、温度和岩溶水中微生物的含量等都有改进的余地。碳酸盐岩地层压力在实验室内的模拟再现,在保证安全的前提下,要尽可能地接近碳酸盐岩地层的实际。碳酸盐岩地层的温度只是在某个时点的温度,一定要多次监测取碳酸盐岩地层的温度分布区间,在室内模拟实验时尽量将温度控制在地层温度分布区间内,不要在研究期间使用同一温度。在碳酸盐岩的岩溶发育过程的室内模拟实验中,应该充分考虑岩溶作用的所有地质背景,这样的 TCRM 岩溶研究才有实际的地学意义。

在国内的岩溶微生物研究中,已经充分使用了 16S rDNA 等技术进行岩溶水或岩溶土壤中的岩溶微生物研究。需要注意的是,国内在岩溶微生物与碳酸盐岩地层之间的特有矿物之间的关系的研究比较少,值得国内岩溶学者进一步关注。岩溶土壤与岩溶水中的微生物为维持自身的生存,一定会利用碳酸盐岩地层中的各种矿物,满足自身的生存需要。这一过程可能产生很多对碳酸盐岩地层中的岩溶作用有重大影响的产物,从而明显改变碳酸盐岩地层中的岩溶发育过程,这点特别值得注意。所以在国内的岩溶微生物研究中,除了利用各种技术进行岩溶微生物的定性与定量研究,研究岩溶微生物与碳酸盐岩地层之间的特有矿物发生的对岩溶作用有明显作用的反应也值得岩溶学者特别重视。

1.2.4　国外研究现状分析

根据以上国外发表的论文,国外学者似乎非常重视现有硬件设备的使用。根据论文中的设备型号,很多国外学者使用的硬件设备明显落后于国内学者论文中使用的设备。但国外学者明显非常重视现有设备数据的使用,很多论文使用 MATLAB 或各种专业软件进行了碳酸盐岩岩石图像分析研究。很多论文广泛使用了互联网上的开源代码或控件、函数。国外学者的论文很多都带有 DOI 的数据与代码下载地址,下载之后对研究的可重复性很高,值得国内学者借鉴。从国外学者的论文截图来看,他们使用的软件基本没有 DOS 下的,Windows 下的居多,有一些论文截图看起来像是 Linux 下的。很多国外学者采用形式语言编程的方式进行碳酸盐岩岩石图像的分析,很好地引入了人工智能技术,值得国内学者借鉴。一些国外学者使用机器学习方式进行碳酸盐岩图像分析,取得了比较好的效果,值得国内学者效仿。

和国内学者相比,国外学者在 TCRM 碳酸盐岩岩溶研究上的创新点有明显值得重视和学习的地方。国外学者将碳酸盐岩岩溶研究的地质背景扩展到热泉、冰川等地质背景下综合研究,明显比单纯的岩溶研究更贴近实际的岩溶地学背景。有国外学者将碳酸盐岩的单轴抗压强度与岩溶发育速度相比,非常贴合实际工程生产需要。有国外学者从人文影响入手研究碳酸盐岩岩溶作用的社会影响,体现了多学科交叉研究的重要性。有国外学者甚至研究了碳酸盐岩在地球以外的地质演化,为国内学者提供了全新的研究方向,也许将来中国学者也会在月球或火星上进行碳酸盐岩的研究,这真是令人激动的碳酸盐岩研究方向。有国外学者使用分形等手段进行碳酸盐岩的孔隙度研究,过程清楚,算法可靠,可重复性高,非常值得国内学者重视。

　　和国内学者相比,国外学者在岩溶微生物方面的研究也是非常值得注意的。有国外学者进行了岩溶水或岩溶土壤中的岩溶微生物的培养研究,为室内模拟研究岩溶微生物提供了非常好并可以参考对照的先例。有国外学者仔细研究了岩溶微生物的可视化表达,贡献了科研都可以免费使用的开源代码,非常值得尊敬。有的开源代码的行数令人惊叹,意味着代码的开发者投入了大量的人力与时间。中国学者一定要努力在科研领域用好这些开源代码,并争取在岩溶微生物研究的可视化表达上贡献自己的开源代码。国外学者在岩溶微生物的种群数量与分布研究上比较重视岩溶微生物的地学背景研究,在热泉、冰川等地质背景下的岩溶微生物的分布也得到了重点关注。很多国外学者研究了岩溶微生物在新陈代谢过程中对碳酸盐岩及其地层中矿物的影响,很好地解释了岩溶水中的 H^+ 的生物成因,在逻辑上比较好地解释了岩溶微生物和碳酸盐岩地层岩溶作用的关系,值得国内学者重视。

1.3　研究立意

　　碳酸盐岩地层的岩溶研究先例很多,但利用计算机图像技术直接进行岩溶发育速度等碳酸盐岩指标的研究并不多。利用计算机图像技术进行碳酸盐岩的致密性等水理性质指标研究的先例很多,但使用计算机图像技术进行碳酸盐岩发育速度的尝试并不多。本书希望能找到一种合适的方法,通过计算机图像技术进行岩溶发育速度的研究。为此本项目设计了基于 TCRM 的岩溶室内模拟研究和图像分析法的对比研究,试图以基于 TCRM 的岩溶室内模拟研究的结果作为图像分析法的算法迭代目标逼近值,对图像分析法的算法进行迭代逼近。将基于 TCRM 的岩溶室内模拟研究的结果和图像分析法的结果进行对比,以此验证图像分析法岩溶研究的结果是否准确。碳酸盐岩基于计算机图像的孔隙度研究先例很多,但用计算机图像直接计算碳酸盐岩的岩溶发育速度是本书的重要创新。一个理想的岩溶研究方法应该是可以重复的,本书试图建立一种可以重复的图像分析法岩溶研究的途径。

传统的碳酸盐岩研究方法是比较固定的,一般使用地质学研究方法,较少地进行与信息学科相结合的交叉学科研究。因此,本书希望将信息科学中的图像分析技术引入传统的碳酸盐岩研究,形成全新的碳酸盐岩信息化研究手段。在将信息技术的最新研究成果引入碳酸盐岩研究时,可能会遇到很多误解,所以一定要重视碳酸盐岩图像分析岩溶研究的可重复性。因此,本书选择在碳酸盐岩图像分析算法研究中比较容易被接受的形式语言进行有穷自动机的研究,希望在碳酸盐岩算法分析上获得更多的碳酸盐岩研究人员的理解。传统的碳酸盐岩 TCRM 研究出于编制的原因,参与某个碳酸盐岩研究项目的人员数量不可能很多;而碳酸盐岩图像分析岩溶研究可以借助互联网代码托管平台或数据发布平台公布开源的源代码,互联网上所有对该碳酸盐岩图像分析岩溶研究的源代码感兴趣的研究者都可以不受地域、学科和时间的限制,轻易地参与碳酸盐岩图像分析岩溶研究中。在这些开源网站中发布的其他研究人员开发的源代码,也可以合法地(保留原作者版权声明并遵守原作者的用途限制)引入岩溶研究中。这也是本书的重要研究立意,希望能改变现行的将岩溶研究局限在小圈子里的现象,改变为只要对岩溶感兴趣,有能力、有时间都可以参与岩溶研究中,从而极大地改变岩溶研究的人员组织方式。

碳酸盐岩的岩溶研究需要更多的研究人员参与,如何将研究团组以外的临时参加者组织好是岩溶研究中需要认真思考的问题。研究团组以外的临时参加者可能不一定精通碳酸盐岩的岩溶研究,需要仔细思考如何在碳酸盐岩岩溶研究中发挥临时参加者的个人专长是非常重要的。在碳酸盐岩的研究中,不要仅安排研究团组以外的临时参加者只做碳酸盐岩样品采集之类的科研活动,应该尽可能地将碳酸盐岩的图像分析岩溶研究的流程环节和来访的临时参加者讲清楚,尽可能地吸引临时参加者在返回所在工作单位后继续进行碳酸盐岩的图像分析岩溶研究。碳酸盐岩的图像分析岩溶研究作为新兴研究技术,是需要吸引尽可能多的岩溶研究资源来推广和改进这一研究技术的。因此要针对研究团组以外的临时参加者,有针对性地分析其研究长处与短处,其所在单位现有的研究设备资源,针对临时参加者的特点制订符合其能力的研究方案。应该建议研究团组以外的临时参加者,返回其所在单位后如果在碳酸盐岩偏光显微图像的算法处理与迭代上遇到困难时,尽可能多地与本研究团组联系,反馈遇到的报错信息,这样就可以扩大碳酸盐岩图像分析岩溶研究的人群,使碳酸盐岩的图像分析岩溶研究迅速得到发展,从而实现碳酸盐岩图像分析岩溶研究的共同进步。

1.4　研究创新点

碳酸盐岩地区的岩溶研究先例很多,研究方法也很多,使用 TCRM 的研究先例比较多。如何在碳酸盐岩研究中找出创新点,是本研究的重要出发点。碳酸盐岩的 TCRM 研究中,有和物理、化学等学科交叉研究的先例,本研究试图将碳酸盐岩的 TCRM 研究和信息学技术的进展相结合,从而形成本研究的创新点。将碳酸盐岩的 TCRM 研究和信息学技术的进展如何结合是需要仔细思考的问题。使用碳酸盐岩的偏光显微图像进行碳酸盐岩地区的岩溶研究,是本研究的重要创新之处。在以往的碳酸盐岩地区岩溶研究中,传统碳酸盐岩研究方法是比较广泛使用的研究方法。TCRM 不能说不是好的碳酸盐岩研究方法,其优点很多,比如可信度高、可重复性强等;同样地,它的缺点也很多,比如研究比较费时,研究消耗的人力成本不低,对研究设备要求很高,研究成本也比较高,和信息科学的结合程度也需要进一步提高。对一种科学研究方法,必须尽可能地发扬该方法的优点,减少该方法缺点对实验结果的影响。在碳酸盐岩的TCRM 研究中,碳酸盐岩的偏光显微图像广泛地应用于碳酸盐岩的岩性分析,是很常见的碳酸盐岩岩性分析研究手段。而本书也试图使用碳酸盐岩偏光显微图像做岩溶研究,这在以往的岩溶研究中是不多见的。和碳酸盐岩的 TCRM研究相比,碳酸盐岩图像分析岩溶研究获得研究结果的速度比较快,在时间花费上有明显优势;相对于碳酸盐岩的 TCRM 研究对劳动强度的要求,碳酸盐岩图像分析岩溶研究劳动强度明显低得多;相对于碳酸盐岩的 TCRM 研究对碳酸盐岩历史研究数据的利用程度,碳酸盐岩图像分析岩溶研究对碳酸盐岩的历史研究数据利用率明显更高;相对于碳酸盐岩的 TCRM 研究对硬件设备的要求,碳酸盐岩图像分析岩溶研究对设备的要求明显低得多,只要有多数岩石实验室都有的偏光显微镜和计算机就可以了,多数是目前碳酸盐岩实验室已有的实验设备,不会产生新增设备要求;和碳酸盐岩的 TCRM 研究相比,碳酸盐岩图像分析岩溶研究对现有的经费要求比较低,主要是因为本书使用的碳酸盐岩玻片的加工成本不高,利用偏光显微镜采集碳酸盐岩偏光显微图像的成本也不是很高,而且在碳酸盐岩的 TCRM 研究中也需要加工碳酸盐岩的玻片进行碳酸盐岩岩性分析研究;和碳酸盐岩的 TCRM 研究相比,碳酸盐岩图像分析岩溶研究和信息科学结合的程度较高,比较容易随着信息科学的进步而得到发展,而碳酸盐岩图像分析岩溶研究中使用的计算机,也是碳酸盐岩的 TCRM 研究中常见的实验设备,因此也不需要新增设备。碳酸盐岩地区的岩溶水化学分析研究的先例很多,但通过岩溶地区的微生物进行碳酸盐岩地区的岩溶研究,也是本书的重要创新之处。传统的岩溶水化学分析多数是通过对岩溶水化学反应与岩溶作用的关系入手,较少关注岩溶水中离子与微生物新陈代谢的关系。本书着重分析了碳酸盐岩地层中含有诸如硝化-反硝化菌、硫化-反硫化菌等岩溶微生物的岩溶水与地层中所含的特有矿物如黄铁矿、钾(钠)长石等矿物的关系,探讨了碳酸盐岩地层中微生物与矿物的相互作用对岩溶作用的影响,在以往的岩溶研究中是比较少见的。在传统的碳酸盐岩研究中,文档的编写一般使用自然语言来完成,这方便了阅读却不利于程序员的理解与交流。程序员一般不精通岩溶研究,如何让程序员们理解岩溶研究中的科研需求是十分重要的工作。因此,本书使用形式语言进行文档编写等工作,有力地加深了程序员对岩溶研究的理解,使较复杂的岩溶研究以形式语言的方式表述,重要的算法使用自动机技术进行建模,取得了良好的效果,是本研究的独有创新。

第2章　研究内容与研究目标

2.1　研究内容

本书主要包括以下研究内容。

2.1.1　碳酸盐岩图像分析岩溶法进行岩溶研究

使用碳酸盐岩图像分析岩溶法(以下简称图像分析法)的前提是,当地已经进行了较长时间的传统碳酸盐岩研究方法研究,积累了足够多的岩溶数据供图像分析法进行验证。如果研究区 TCRM 积累的数据不足以验证图像分析法的结果,就很难知道图像分析法岩溶研究的结果是否准确。图像分析法进行岩溶研究的原理是所有碳酸盐岩玻片的高度都是很小(注意是纳米级不是无穷小,自动机中不能用无穷小),且接近 0(但不是 0)的,所以可以近似地认为所有的碳酸盐岩玻片孔隙的高度都一致,这样玻片孔隙的体积占玻片总体积的百分比就等于孔隙底面积占玻片总面积的百分比,即计算体积百分比的三维问题变成了计算底面积的二维问题(因为孔隙的高度都是近似一致的,孔隙实际上近似底面不规则的圆柱体),必须先明白这个空间图形学转换才能继续本研究。由于玻片的总面积是固定已知的,可以用玻片图像的像素点总数替代,只要找到一种算法正确地识别出代表孔隙的像素点个数,二者相除就可以得到玻片的孔隙度,将本方法获得的孔隙度和 TCRM 获得的孔隙度或历史文档中同地层孔隙度对比,就可以知道本方法的结果(实际是筛选的算法)是否准确。

同一地点、不同时期利用图像分析法获得的岩溶发育速度的线性倍增关系应该和基于传统碳酸盐岩研究方法的室内岩溶模拟实验研究得到的岩溶发育速度的线性倍增关系是一致的。同一地点、同一时期利用图像分析法获得的孔隙度等碳酸盐岩指标和基于传统碳酸盐岩研究方法的室内岩溶模拟实验研究得到的孔隙度等碳酸盐岩指标应该是接近的。以基于传统碳酸盐岩研究方法的室内岩溶模拟实验研究已经得到的结果为目标对比值,就可以通过算法迭代修正图像分析法的算法,使图像分析法的结果逼近目标对比值。这样对新的碳酸盐岩样本使用两种方法得到的岩溶发育速度和孔隙度等碳酸盐岩指标应该是接近的。

碳酸盐岩图像分析岩溶研究是全新的岩溶研究方法,本书目前想到的是使用碳酸盐岩玻片获得碳酸盐岩的偏光显微图像,利用形式算法中的有穷自动机作为图像分析的算法获得黑白二值化处理的阈值区间,进而以碳酸盐岩玻片偏光显微图像的黑白二值化阈值处理结果为碳酸盐岩的孔隙度计算依据。图像分析是信息科学的重要组成部分,目前也取得了新的研究进展。所以本研究必须重视图像处理的科学进展,及时地将图像处理方面的最新研究进展引入碳酸盐岩图像分析岩溶研究中。目前在开源网站的图形图像处理的源代码很多,有很多免费的仅限非商业用途的源代码公开的控件、函数和动态链接库(DLL 文件),这些开源代码都是图像分析领域的最新进展,在碳酸盐岩图像分析岩溶研究中要注意引用这些开源代码的最新成果,使碳酸盐岩图像分析岩溶研究跟上图像分析研究的最新进展。这些开源的图像分析控件、函数和动态链接库所要求的操作系统是不同的,要注意将碳酸盐岩图像分析岩溶研究的计算任务分解到服务器端和 PC 端。在服务器端运行的碳酸盐岩图像分析岩溶研究的计算任务应该注意结果的发布方式和权限设置,让服务器端的计算结果发布给所有有权限使用的碳酸盐岩研究人员共享。

碳酸盐岩图像分析岩溶研究应该将主要的研究、突破方向集中在碳酸盐岩的岩石孔隙度获取上。这是因为在岩石孔隙度获取上在图像分析领域有众多先例可以借鉴,如在地物和石笋模式识别方面。因此,借助于图像分析领域的最新研究成果,利用碳酸盐岩玻片的偏光显微图像以黑白二值化阈值处理的方式获得碳酸盐岩的孔隙度,是一件不是很困难而且可重复度比较高的研究方式。那么将以图像分析法获得的碳酸盐岩孔隙度和用 TCRM 获得的碳酸盐岩孔隙度相比,就可以迅速知道图像分析法获得的碳酸盐岩孔隙度是否正确。就像 TCRM 研究中同一采样地点、不同时期采集的碳酸盐岩样品的孔隙度有一定的倍率关系一样,利用碳酸盐岩玻片的偏光显微图像获得的碳酸盐岩孔隙度也应该存在一定的孔隙度倍增关系,因为两种研究方法的地学背景是一致的。以碳酸盐岩图像分析岩溶研究获得的孔隙度倍增关系,应该是接近于以 TCRM 获得的碳酸盐岩的孔隙度倍增关系的。如果二者之间的孔隙度倍增关系有比较大的差异,说明用碳酸盐岩图像分析岩溶研究的结果和用 TCRM 研究的结果有较大的出入。如果这一出入没有办法以目标逼近算法迭代的方式予以缩小,说明该碳酸盐岩采集地点的地学背景复杂,不太适合作为碳酸盐岩的图像分析岩溶研究的样品采集点。

在碳酸盐岩的岩溶研究指标值中,碳酸盐岩的孔隙度只是其中一个常用值。在碳酸盐岩的岩溶研究中,岩溶发育速度是一个非常重要的常用岩溶指标值。当地碳酸盐岩岩溶发育的速度可以定量地以岩溶发育速度(mm/ka)值直观地进行反应。在苏北碳酸盐岩地区的 TCRM 历史研究数据中,同一采样地点、不同采样时期的碳酸盐岩样品的孔隙度倍增值与碳酸盐岩样本的岩溶发育速度倍增值是较接近的。既然可以利用碳酸盐岩玻片的偏光显微图像以图像分析法获得碳酸盐岩的孔隙度进而获得同一采样地点、不同采样时期的碳酸盐岩样本的孔隙度倍增值,那么就可以用以前获得的碳酸盐岩样本的岩溶发育速度值,结合碳酸盐岩样本之间的孔隙度倍增值,迅速得到当前碳酸盐岩样本的岩溶发育速度值。为了确保研究人员所在的碳酸盐岩地区获得碳酸盐岩发育速度的正确率,可以利用碳酸盐岩的 TCRM 历史研究中已经加工了碳酸盐岩玻片的采集点数据进行测试,将以碳酸盐岩图像分析岩溶研究方式得到的碳酸盐岩岩溶发育速度的值和 TCRM 历史研究数据中的值进行对比,此外还应该进行两种研究方法的碳酸盐岩岩溶发育速度倍增关系的对比研究。如果以上对比的结果都是接近的,说明在当前碳酸盐岩地区使用图像分析法进行碳酸盐岩样本的岩溶发育速度研究是可行的。

2.1.2　基于传统碳酸盐岩研究方法的室内岩溶模拟实验研究

利用图像分析法进行碳酸盐岩的孔隙度研究一定要有验证手段,基于传统碳酸盐岩研究方法的岩溶室内模拟实验研究是很好的验证手段。要进行基于传统碳酸盐岩研究方法的岩溶室内模拟实验研究首先要有研究用的岩石样本。由于基于传统碳酸盐岩研究方法的岩溶室内模拟实验研究是与图像分析法研究做对比研究,所以采样地点最好有较多的重复研究的历史记录,因此,本书将在沿用历史采样点的基础上,增加若干个采样点。为此本项目设计了室内模拟实验装置做基于传统碳酸盐岩研究方法的岩溶室内模拟实验研究。研究得到的结果将分别用于图像分析法的算法迭代和结果检验。

传统碳酸盐岩研究方法一般包括对碳酸盐岩的孔隙度、岩溶发育速度和单轴抗压强度等指标的研究。所以一个地区如果能进行较长时期的碳酸盐岩研究,则一定会积累比较丰富的碳酸盐岩孔隙度等指标数据。除了采样地点附近的地层判断、产状收集等工作,岩石断面的目视解译也是很重要的研究手段。为了配合碳酸盐岩断面的目视解译,有时会加工碳酸盐岩玻片用来采集碳酸盐岩的偏光显微图像,进行碳酸盐岩的岩性分析。所以在碳酸盐岩的 TCRM 研究中,也会收集碳酸盐岩玻片的偏光显微图像。由于碳酸盐岩样本体积较大,保存不易,碳酸盐岩 TCRM 研究中长期保存大量碳酸盐岩样本不常见,但碳酸盐岩玻片体积较小,可以使用玻片架或玻片盒保存,因此,碳酸盐岩玻片保存下来的概率一般都比碳酸盐岩样品大。有时在碳酸盐岩地区的岩溶研究中,我们会发现已经有碳酸盐岩玻片。因此,碳酸盐岩的 TCRM 研究是和碳酸盐岩图像分析岩溶研究的兼容度比较高的研究方法,碳酸盐岩的 TCRM 研究的结果数据中有时直接就能找到碳酸盐岩的偏光显微图像,可以直接供碳酸盐岩图像分析岩溶研究使用。

在碳酸盐岩的 TCRM 研究和碳酸盐岩图像分析岩溶研究进行对比时,有可能出现碳酸盐岩的 TCRM 历史研究数据中找不到碳酸盐岩图像分析岩溶研究使用的玻片对应的碳酸盐岩样本的 TCRM 历史研究数据。这是很有可能出现的状况,为解决这样的问题,可以采用室内模拟研究的方式对碳酸盐岩的 TCRM 历史研究数据进行补充。所有碳酸盐岩图像分析岩溶研究使用的碳酸盐岩玻片对应的碳酸盐岩样本,都应该至少有孔隙度、岩溶发育速度两个指标,这样才能将碳酸盐岩的 TCRM 研究和碳酸盐岩图像分析岩溶研究进行结果对比。为了减少碳酸盐岩室内模拟研究中的误差,一般在项目进行中应该保持研究人员的队伍稳定,尽量不更换研究人员。此外,还必须尽可能在项目研究中对不同的碳酸盐岩样品使用相同的碳酸盐岩室内模拟研究流程,尽量在相同的碳酸盐岩室内模拟研究装置上进行碳酸盐岩的室内模拟研究。碳酸盐岩室内模拟研究装置在研究中出现故障时,一般建议维修而不是更换(除非在继续使用中研究人员将面临人身安全问题时,一定予以更换全新室内模拟研究设备)。总之,每个用碳酸盐岩图像分析岩溶研究方法得到的碳酸盐岩岩溶指标值,如碳酸盐岩孔隙度、岩溶发育速度等,都应该有两个研究方法来源的值,进行对比验证。

碳酸盐岩的 TCRM 研究中如果发现当前碳酸盐岩样本需要进行室内模拟研究,一般属于在 TCRM 历史研究中没有研究数据的情况。如果先在 TCRM 历史研究数据中没找到碳酸盐岩的孔隙度等数据,然后进行了碳酸盐岩的室内模拟研究,以室内模拟研究的方式得到了碳酸盐岩的孔隙度等指标,但在之后的碳酸盐岩的 TCRM 历史研究数据整理时又找出了碳酸盐岩的岩溶指标数据,此时要仔细对比碳酸盐岩孔隙度值等指标,如果二者接近,说明室内岩溶研究结果正确,如果二者的值不接近,则需要将室内模拟研究重复一次,以室内模拟研究的值为最终 TCRM 研究值。碳酸盐岩的室内模拟研究要注意在室内压力与温度条件设置上尽量和 TCRM 历史研究数据中的记录一致,如果碳酸盐岩采样点当前的碳酸盐岩地层的温度与压力和碳酸盐岩的 TCRM 历史研究数据不一致,则使用当前碳酸盐岩地层的温度与压力值作为碳酸盐岩室内模拟研究的参数值。碳酸盐岩的室内模拟研究得到的岩溶发育速度和岩石孔隙度值等指标,如果和碳酸盐岩样本的单轴抗压强度值历史研究数据有较大的出入,则要仔细分析出入形成的原因,不能无视与碳酸盐岩单轴抗压强度值产生出入的原因,这些原因有可能对当地碳酸盐岩的岩溶发育过程是非常重要的,碳酸盐岩研究人员要高度重视。

2.1.3　用 16S rDNA 技术进行岩溶微生物研究

微生物在岩溶碳、氮、硫物质循环过程中起着重要的作用,它既可以表现为微生物在能量获得过程中改变岩溶水的 pH 值,也可以表现在改变岩溶水的水化学过程。本书认为苏北岩层中的岩溶水中含有的各种微生物通过对当地碳、氮、硫物质循环过程进行改变,从而实现对当地岩溶过程的干预。在当地碳酸盐岩岩层中的岩溶水中,自养硝化菌、脱氮硫杆菌和自养硫化菌广泛分布。自养硝化菌和脱氮硫杆菌在硝化作用和反硝化作用过程中,改变了 NH_4^+ 和 H^+ 等阳离子的浓度,也改变了 NO_3^- 和 SO_4^{2-} 等阴离子的浓度,从而改变了正常的岩溶溶蚀过程,改变了碳、氮、硫元素的循环过程。自养硫化菌在和岩溶水流过黄铁矿石表面的过程中,有可能改变了岩溶水中 SO_4^{2-} 和 H^+ 浓度,从而改变了正常的岩溶溶蚀过程,改变了碳、氮、硫元素的循环过程。由于自养硝化菌、脱氮硫杆菌和自养硫化菌在自身能量获得过程中,对岩溶水的 H^+ 含量应该会有改变,从而对碳酸盐岩地区的孔隙度有明显影响。

碳酸盐岩地区的岩溶微生物对碳酸盐岩地层的岩溶作用产生的影响主要表现为对岩溶水中 H^+ 含量的影响。岩溶水中 H^+ 含量会明显影响岩溶水的 pH 值,进而明显改变碳酸盐岩地层的岩溶作用。碳酸盐岩地层岩溶水中的岩溶微生物的来源多种多样,它们可能原本就分布在碳酸盐岩表层的岩溶土壤当中,由于碳酸盐岩地区岩溶土壤中的淋溶作用而进入岩溶水;也可能是循碳酸盐岩地层的孔隙进入碳酸盐岩地层深部的岩溶水。碳酸盐岩地层中的岩溶微生物可能伴随岩溶水在碳酸盐岩地层间的渗流,对地层深部的碳酸盐岩产生影响。碳酸盐岩地层中的岩溶微生物形成的代谢物,可能改变岩溶水中各种阴离子的含量,从而对碳酸盐岩地层间的岩溶作用产生影响。碳酸盐岩地层中岩溶水中的硝酸-亚硝酸根离子和硫酸-亚硫酸根离子对碳酸盐岩地层中的岩溶作用都有很大的影响。而这些碳酸盐岩地层中岩溶水中的硝酸-亚硝酸根离子和硫酸-亚硫酸根离子含量和岩溶水中的岩溶微生物有密切关系,有相当一部分阴离子是来源于岩溶微生物的生物作用的。

碳酸盐岩地层中的岩溶微生物研究方法很多,16S rDNA 技术是比较常见的岩溶微生物研究技术。这项技术比较成熟,有很多应用先例,操作难度也不大,对研究设备和对重点高校的研究所而言也不是非常困难的要求。因此,16S rDNA 技术是比较合适的碳酸盐岩地区岩溶微生物研究手段。碳酸盐岩地层中的岩溶微生物采集时要注意操作规范,值得注意的是,地理信息系统专业的硕士研究生没有经过微生物研究培训,在抽滤瓶使用等方面最好先进行简单的技术培训。利用 16S rDNA 技术进行碳酸盐岩地区岩溶微生物研究时,要注意岩溶微生物研究岗位的预先编制,研究岗位一经确定,研究过程中不宜随便变更研究人员的研究岗位。用 16S rDNA 技术进行碳酸盐岩地区岩溶微生物研究时,获得的岩溶微生物原始研究数据,要注意数据存储方式,尽量选择所有研究人员都熟悉的数据库进行数据存储。所有的岩溶微生物研究的原始数据尽量选择硬盘阵列方式保存,以确保原始数据的存储绝对安全。在研究团组内部进行数据复制时,要注意复制数据的 U 盘或移动存储设备不要丢失,研究团组内部可以使用 NAS 主机作为云存储手段。

利用 16S rDNA 技术进行碳酸盐岩地区岩溶微生物研究时获得的岩溶微生物原始研究数据,如果用表格的方式直接面向读者发布,则数据的可读性较差,有些较重要的数据,读者不一定能明白其重要性,所以一定要重视岩溶微生物研究的原始研究数据的可视化表达。当碳酸盐岩地区用 16S rDNA 技术进行岩溶微生物研究结束时,应尽可能地选择可视化程度比较高的研究数据发布方式。一般而言,要尽可能地用曲线、图表等可视化表达方式进行碳酸盐岩岩溶微生物研究数据的发布。在一些代码托管网站有一些用 R 语言编写的用 16S rDNA 技术进行微生物研究数据的源代码公开结果发布代码,为碳酸盐岩岩溶微生物研究原始数据的可视化发布提供了良好的借鉴。碳酸盐岩岩溶微生物的研究数据的可视化表达必须是现有研究团组能够掌握的(一般而言,地理信息系统专业的学生掌握 R 语言并不困难),研究数据的可视化表达必须充分说明研究人员的意图,充分向读者展示具有重要意义的研究数据。在使用这些开源代码时,应该尊重原作者的版权声明,并按照开源软件的用途限制使用开源代码(不要应用于商业目的)。为了引导更多的研究人员使用 16S rDNA 技术进行碳酸盐岩地区岩溶微生物研究,研究团组开发的源代码应该留下版权声明后尽可能上传共享。

在苏北碳酸盐岩地区进行碳酸盐岩岩溶微生物研究时,要注意研究团组的个人人身安全防护。从苏北碳酸盐岩地区采集的岩溶水和岩溶土壤等样品的 16S rDNA 技术检测结果中,均发现有大肠杆菌等对人体有害的微生物出现。所以一定要反复教育研究团组成员,严格执行洗消作业,防止岩溶微生物中的有害微生物侵入人体,带来严重后果。曾有研究团组中的学生询问为什么苏北碳酸盐岩地区的当地民众在生产作业中基本没有注意防护,当地却没有发现流行病史记录,这个问题实际上超出了岩溶微生物的研究范畴,碳酸盐岩地区岩溶微生物的研究是针对岩溶微生物对碳酸盐岩岩溶作用的影响而研究的,当地岩溶水和岩溶土壤中发现的对人体有害的微生物,不是碳酸盐岩地区岩溶微生物的主要研究方向。因此,苏北碳酸盐岩地区有没有流行病史,不是苏北碳酸盐岩地区岩溶微生物研究主要的关心方向,研究团组中的同事做好个人防护就可以了。在苏北碳酸盐岩地区采集和搬运各种样品时容易造成研究团组成员的外伤,如手指被划破、脚部有碰触伤等,岩溶微生物可能经由这些伤口进入人体。一定要注意检查这些外伤,妥善地洗消、包扎,注意观察受伤者体温有无异常变化,伤口表面有无发炎,等等。

2.1.4　研究区域

对笔者而言,苏北是比较理想的岩溶研究区域。苏北境内有碳酸盐岩与岩溶水分布,每年返乡时很容易积累起地表水文土壤比较长时间的观测记录。因此,苏北是比较理想的使用图像分析法进行碳酸盐岩地区岩溶研究的地区。苏北地表高,高程起伏较小,岩溶水与岩溶土壤中微生物分布的数量与种群均比较理想,是合适的碳酸盐岩图像分析岩溶研究区域。

由于笔者每年都需要返乡几次,和其他地方的碳酸盐岩地区相比,苏北碳酸盐岩地区岩溶研究中的差旅费用减少了很多。苏北碳酸盐岩地区的民众、生活习惯和口音与笔者比较接近,比较容易得到当地民众的帮助。苏北碳酸盐岩地区前往研究区的交通问题比较好解决,在研究区的食宿问题也比较好解决。苏北碳酸盐岩地区为经济开发项目进行了不少施工,这些人类活动方便了碳酸盐岩的采集和碳酸盐岩地层的观测,但碳酸盐岩的采样点在 10 年左右时间尺度,可能因为被工程建设影响而废弃。苏北碳酸盐岩地区地质资料比较齐全,比较适合作为岩溶研究的基础。苏北碳酸盐岩地区的人力成本比较低,相应的碳酸盐岩玻片的加工磨制成本也不高。苏北碳酸盐岩地区的地史也比较合适。苏北碳酸盐岩地区岩溶水中的微生物生物多样性也比较好,是比较理想的碳酸盐岩生物岩溶作用的研究区域。总而言之,和其他的典型碳酸盐岩地区相比,苏北碳酸盐岩地区是比较合适的岩溶研究区域。

2.2　研究目标

本书拟通过图像分析法岩溶研究和基于 TCRM 岩溶室内模拟研究的对比

研究,借助自然语言的形式化,找到一种可以同时被自然地理学者和 GIS 学者都接受的图像分析算法,以此帮助自然地理学者借助碳酸盐岩的偏光图像进行岩溶研究。本书希望通过有穷自动机的开源,使更多的同行愿意参与图像分析法岩溶研究的工作,使图像分析法岩溶研究的准确率接近 TCRM 的准确率。由于有穷自动机是多人合作的产物,本书得到的有穷自动机岩溶研究的准确率应该高于个人经验判断的准确率。本书也希望通过欧拉数构建有穷自动机,通过对碳酸盐岩立方体可视面的图像分析,找到一种识别碳酸盐岩立方体的 3D 孔隙分布的方法。由于图像分析法岩溶研究和基于 TCRM 岩溶室内模拟研究的对比研究都是针对苏北碳酸盐岩地层进行研究的,因此本书进行的研究应该可以得到苏北碳酸盐岩地层研究碳酸盐岩的水理性质和岩溶发育速度。本书也希望通过 16S rDNA 技术进行岩溶微生物研究,结合黄铁矿、长石等一般矿物,研究苏北地区的岩溶发生机制,关注岩溶微生物对碳、氮、硫等物质循环过程的影响。

2.2.1　有穷自动机的优化

在对碳酸盐岩岩石图像进行分析时,选择合适的图像分析算法十分重要。如果碳酸盐岩岩石图像分析的算法选择不对,得到的碳酸盐岩岩溶研究结果就一定不正确。在图像分析法中,有穷自动机是比较适合碳酸盐岩岩石图像分析的算法。以有穷自动机作为碳酸盐岩岩石图像的图像分析算法,和形式语言结合得比较好,比较利于和已知结果的映射算法逼近,也比较方便利用开源的函数控件及代码,也比较容易集成 16S rDNA 技术使用的各种开源函数和 R 语言开源代码。本书希望通过在苏北碳酸盐岩地区的图像分析岩溶研究,找到一种完善的有穷自动机,能较好地适配 TCRM 历史研究结果的逼近,支持图像拟合算法,有比较好的支持形式语言。有穷自动机最大的优点是映射的有限性,这极大地降低了碳酸盐岩图像分析岩溶研究算法实现的难度。碳酸盐岩图像分析岩溶研究一般是借助算法对得到的阈值进行碳酸盐岩岩石图像的黑白二值化处理,所以在有穷自动机框架下的形式语言算法是碳酸盐岩图像分析岩溶研究的重要实现方式。在将算法得到的碳酸盐岩岩石图像的黑白二值化算法阈值引入有穷自动机时,可以用碳酸盐岩岩石图像的像素点 RGB 取值范围进行阈值的初步筛选优化,落到[0,255]区间以外的阈值可以直接删除。由于有穷自动机对碳酸盐岩黑白二值化算法的阈值定义为整数,则落到[0,255]区间以内的阈值个数绝对不会超过 256 个,这对有穷自动机而言计算量并不大,非常适合利用算法的有限性对阈值进行逐个测试,以碳酸盐岩的 TCRM 历史研究数据为是否正确的判断值,迅速对碳酸盐岩图像分析岩溶研究的碳酸盐岩孔隙度研究结果进行判断,从而找出合适的阈值,是非常典型的有穷自动机形式语言优化方式。高校教师使用的程序员,往往是硕士研究生或高年级本科生,有的硕士研究生本科段没有受过形式语言训练,有穷自动机的使用是靠自学(硕士段不再教学本科段已经开设的课程),这就要求碳酸盐岩图像分析岩溶研究使用的有穷自动机经过优化后不能太复杂,必须让所有研究团组的程序员能够读懂。

本书希望通过对碳酸盐岩的图像分析岩溶研究,得到可以对多数碳酸盐岩地区有示范作用的有穷自动机,有穷自动机的算子不同,碳酸盐岩地区可以调整,但有穷自动机本身在多数碳酸盐岩地区是不用做算法大的调整的。本书希望能通过对苏北碳酸盐岩地区的碳酸盐岩玻片偏光显微图像的图像分析岩溶研究,得到典型碳酸盐岩玻片偏光显微图像的典型有穷自动机,这一有穷自动机在其他碳酸盐岩地区使用时,仅仅需要调整映射的有限数量设置和黑白二值化处理阈值的分布区间调整,而有穷自动机本身不需要在其他碳酸盐岩地区使用时有重大修改。本书还希望将代码托管网站或源代码开源网站上开源的有穷自动机类代码结合典型碳酸盐岩地区的碳酸盐岩图像分析岩溶研究,形成新的有穷自动机源代码。在碳酸盐岩图像分析岩溶研究中,为了将成果与其他碳酸盐岩研究人员共享,进行论文投稿或著作出版是非常合适的途径。从碳酸盐岩研究人员的认可程度来说,三个碳酸盐岩与岩溶类的 SCI 刊物是碳酸盐岩研

究人员的合适选择。这些 SCI 刊物都有数据与软件共享的要求，从研究的重复
性上来说，提供软件还是有必要的。有穷自动机的理论最终还是要依靠软件代
码进行重复。只有有穷自动机的论文，没有配套的有穷自动机代码，其他碳酸
盐岩的研究人员很难进行碳酸盐岩有穷自动机的重复，这样会影响碳酸盐岩有
穷自动机在碳酸盐岩研究人群中的接受程度。对碳酸盐岩研究期刊的软件上
传要求，应该将碳酸盐岩图像分析岩溶研究中的代码予以上传。这些软件代码
在上传之前，要注意检查其中使用的开源函数与控件的版权声明是否正确保
留。在研究中使用了其他程序员开发的开源代码却将其版权声明删除是不道
德的，这点一定要和研究团组中的程序员讲清楚。这些源代码如果是为论文投
稿而准备，将按照所投刊物的要求上传到数据托管网站，并形成 DOI 号供学界
所有对碳酸盐岩图像分析岩溶研究感兴趣的研究人员共享。下载自代码托管
网站的代码将在保留原作者版权声明前提下修改后上传原代码托管网站。自
行开发的源代码将利用本书研发的 App 进行数据上传后共享，核对使用者身份
后以二维码的方式进行数据共享。这是因为碳酸盐岩图像分析岩溶研究的重
复性研究不仅需要有穷自动机代码的支持，还需要碳酸盐岩偏光显微图像的共
享。因此，在和其他碳酸盐岩研究人员进行碳酸盐岩偏光显微图像的共享时，
一定要注意图像的来源是否有保密的需要。在为公开发表而准备的碳酸盐岩
图像分析岩溶研究论文或著作中，应该使用不涉密的碳酸盐岩地层的碳酸盐岩
偏光显微图像进行研究，以便进行碳酸盐岩偏光显微图像的共享。如果在研究
中使用了涉密的碳酸盐岩偏光显微图像，就不要外投公开发表期刊。如果研究
成果在公开期刊发表，其他碳酸盐岩研究学者来要数据时说需要保密，何以取
信于其他碳酸盐岩研究人员？不利于使人相信碳酸盐岩图像分析岩溶研究的
可行性。因此，要么不投公开发表的期刊，要投就使用可以公开的数据进行研
究。当然其他碳酸盐岩研究人员的提问有时也难以完全回答，笔者曾碰到一个
碳酸盐岩研究学者询问有穷自动机软件代码用什么编程软件打开，笔者回答是
用 C#打开，下一个问题是 C#是什么？这问题太大，不是一两句话能说清楚的。

不要奇怪碳酸盐岩研究人员怎么会问这个问题,很多碳酸盐岩研究人员不是地理信息系统专业出身,这是很正常的问题。我们要做的是吸引更多的碳酸盐岩研究人员进行碳酸盐岩图像分析岩溶研究。所以对其他碳酸盐岩研究人员的问题应该尽可能地回答,尽可能地帮助非地理信息系统专业出身的碳酸盐岩研究人员理解碳酸盐岩图像分析岩溶研究的重要性和研究的流程环节,要教育研究团组中的学生不要不耐烦。

2.2.2　拟合算法的选择

在构成曲线的值不多时,可以使用数学算法对曲线进行拟合,增加构成曲线的值的数量。这样会使曲线的细节更加丰满,是很好的曲线构建方法。碳酸盐岩图像分析岩溶研究得到的碳酸盐岩的孔隙度值是有限的,因为研究使用的碳酸盐岩样本是有限的。所以用碳酸盐岩图像分析岩溶研究得到的碳酸盐岩的孔隙度值构建的碳酸盐岩孔隙度变化曲线的节点一定是有限的。碳酸盐岩样品都来自不同的碳酸盐岩地层,碳酸盐岩的孔隙度曲线在不同碳酸盐岩地层节点之间的变化比较突兀,这种比较突兀的碳酸盐岩孔隙度变化曲线,往往不能反映碳酸盐岩地区各地层之间的岩石孔隙度变化情况。为了更好地反映碳酸盐岩地区的孔隙度变化情况,就需要使用合适的数学算法,拟合增加碳酸盐岩孔隙度变化曲线的节点数量,使碳酸盐岩的孔隙度变化曲线在固定地层之间的过渡有规律可循。有穷自动机的一个特点是映射数量是有限的,如果图像分析法的结果有已知正确的结果作为参照,就可以在有穷自动机映射不变的前提下,通过修改拟合算子进行结果的逼近。一般认为,在碳酸盐岩岩溶研究中,TCRM 的研究结果是可信的,可以作为有穷自动机的结果逼近的目标值。本书希望在苏北碳酸盐岩地区的 TCRM 历史研究数据的基础上,以结果逼近拟合的方式,在有穷自动机基本映射不变的前提下,以算子拟合的方式找到一种拟合算法,比较好地实现苏北碳酸盐岩地区图像分析岩溶研究和 TCRM 研究结果的逼近拟合,从而实现在有穷自动机下的算法拟合。在对碳酸盐岩的孔隙度变化曲线进行算法拟合时,要注意使用合理的拟合步长,拟合步长既要保证碳酸盐岩的孔隙度变化曲线的节点密度足以反映碳酸盐岩地区的岩石孔隙度变化情况,也要保证通过数学方法增加的拟合节点数量不能改变原有碳酸盐岩孔隙度变化曲线的变化趋势。碳酸盐岩孔隙度变化曲线的数学算法拟合步长,是碳酸盐岩图像分析岩溶研究有穷自动机的重要组成部分,值得研究者高度重视。

本书希望借助苏北碳酸盐岩地区的碳酸盐岩图像分析岩溶研究,找到适用于碳酸盐岩孔隙度变化曲线或碳酸盐岩岩溶发育速度变化曲线的拟合算法。曲线的拟合不同于碳酸盐岩图像分析岩溶研究的有穷自动机算法,在不同碳酸盐岩地区使用的碳酸盐岩孔隙度变化曲线或碳酸盐岩岩溶发育速度变化曲线的拟合算法应该是基本一致的,仅仅是拟合步长由于不同碳酸盐岩地区研究的碳酸盐岩样本数量不同,导致碳酸盐岩孔隙度变化曲线或碳酸盐岩岩溶发育速度变化曲线的拟合步长值需要做一些调整,而碳酸盐岩孔隙度变化曲线或碳酸盐岩岩溶发育速度变化曲线的拟合算法一经确定,不建议随意或经常修改。随意修改碳酸盐岩的曲线拟合算法会导致碳酸盐岩孔隙度变化曲线或碳酸盐岩岩溶发育速度变化曲线的变化趋势发生改变。本书在典型碳酸盐岩地区得到的碳酸盐岩孔隙度变化曲线或碳酸盐岩岩溶发育速度变化曲线的马鞍线族曲线拟合算法,不建议本研究团组后期予以更换。当然希望其他研究团组也使用本书得到的曲线拟合算法,其他研究团组也可以自行确定曲线拟合算法,但碳酸盐岩的曲线拟合算法确定后,不建议轻易修改。

碳酸盐岩的拟合算法选择,要注意发扬研究团组中硕士研究生和高年级本科生(本研究团组内没有博士研究生)的主观能动性。碳酸盐岩的拟合算法选择比较适合年轻人的研究方向,因此,在研究团组的内部讨论中要加强对年轻研究人员的引导,鼓励硕士研究生和高年级本科生在研究团组的内部讨论中积极发言,主动表达自己的想法。碳酸盐岩的拟合算法选择的正确,需要足够的类似文献的阅读量。如果硕士研究生没有仔细阅读本研究团组的历史发表文献,在发言中很容易出错。碰到这种情况不要在研究团组的内部讨论会上公开批评学生,这很容易导致其他硕士研究生不发言,应事后找适当的场合告诫学生加强文献阅读。碳酸盐岩的拟合算法的推导验证比较枯燥无趣,所以一定要安排研究团组进行 3 次以上推导验证。因为 3 次同时犯错是小概率事件,这样在碳酸盐岩的拟合算法选择中就不容易出错。碳酸盐岩的拟合算法在被用来生成各种曲线时,对用拟合算法生成的拟合点的分布区间应该有预期估计,如果在拟合算法代码运行后的生成结果和预期估计结果不一致,则要有相应的拟合算法调整预案,这样才能确保拟合算法的有效性。

2.2.3 碳酸盐岩的 TCRM 岩溶室内模拟研究

苏北碳酸盐岩地区进行了传统碳酸盐岩研究方法研究,取得了苏北碳酸盐岩地区岩溶研究成果。由于碳酸盐岩图像分析法得到的碳酸盐岩岩溶指标如岩溶发育速度、岩石孔隙度等指标的精确度要求比较高,所以一般只有 TCRM 研究中的岩溶室内模拟研究能够满足碳酸盐岩图像分析法的精度要求。TCRM 岩溶室内模拟研究必须保证在室内再现碳酸盐岩地区的温度、压力和水文条件,苏北碳酸盐岩地区采集的岩石样本多数是地表岩石,所以对压力和温度条件比较好处理,对室内模拟研究中使用的水必须尽量模拟苏北碳酸盐岩地区岩溶水中的水化学条件,特别是水中的 CO_2 含量,这样才能保证类似苏北碳酸盐岩地区的岩溶反应。在碳酸盐岩的 TCRM 岩溶室内模拟实验中,要注意仔细设计模拟碳酸盐岩地层中的岩溶水渗流状况。碳酸盐岩地层中的岩溶水一般不是静止状态,而是在碳酸盐岩地层的岩石裂隙中处于渗透、流动状态。岩溶水一般自碳酸盐岩地层的地表渗流过岩溶土壤,通过碳酸盐岩地层的岩石孔隙进入碳酸盐岩地层内部。这个岩溶水在碳酸盐岩地层中的渗流过程,需要仔细设计以便利用 TCRM 岩溶室内模拟研究装置进行模拟。这个对岩溶水渗流过程的设计非常重要,它决定了碳酸盐岩的 TCRM 岩溶室内模拟研究能否真实地反映碳酸盐岩地层的岩溶水渗流过程,从而决定能否真实地反映碳酸盐岩地层的岩溶作用。在这一岩溶水的渗流模拟过程中,必须重视岩溶水中 CO_2 补充来源的设计,岩溶水在渗流过程中 CO_2 含量应该和室外碳酸盐岩地层一样有合适的、可信的补充来源。在这一岩溶水的渗流模拟过程中,还必须重视岩溶水中岩溶微生物补充来源和岩溶微生物数量与种群控制的设计,岩溶水在室内模拟装置中再现渗流过程时,岩溶水中的岩溶微生物含量应该和室外碳酸盐岩地层中的岩溶水一样,岩溶微生物的数量和种群都不应该有明显的差异。

本书希望通过在苏北碳酸盐岩地区的碳酸盐岩 TCRM 室内模拟研究,建立一整套可以得到广泛认可的碳酸盐岩室内模拟研究装置。这套碳酸盐岩室内模拟研究装置只要通过修改地层压力、温度与岩溶微生物种类等局部参数,就可以用于其他类似的碳酸盐岩地区的碳酸盐岩室内模拟研究。本书希望能设计一套低成本高效能的碳酸盐岩室内模拟研究装置,这样就可以有更多的对碳酸盐岩图像分析岩溶研究感兴趣的研究人员从事碳酸盐岩的室内模拟研究。本书希望能通过技术上比较成熟的铸铁件和油压液压技术,在预算尽可能低的前提下,建立可以保证研究人员人身安全的碳酸盐岩室内模拟研究装置。本书希望能设计一套能耗较低、运营成本不高的碳酸盐岩室内模拟研究装置,尽可能降低碳酸盐岩室内模拟研究装置的运行成本,避免出现碳酸盐岩室内模拟研究装置买得起、用不起的情况。本书希望能建立一整套碳酸盐岩室内模拟研究的规范,这个规范本身是应该可以用于大部分类似的碳酸盐岩地区的。在这个碳酸盐岩室内模拟研究规范中,不同碳酸盐岩地区的地层压力、温度与岩溶微生物不同,且有的碳酸盐岩基础研究不需要关心碳酸盐岩单轴抗压强度等工程指标,因此,碳酸盐岩的研究过程和研究规范应该是趋同的。

使用 TCRM 来检测碳酸盐岩的孔隙度有多种检测方法,如分形法、压渗法等。苏北碳酸盐岩地区的碳酸盐岩样品,多数是使用压渗法来计算碳酸盐岩的孔隙度。这样做是因为可以同时计算碳酸盐岩样本的岩溶发育速度。先将岩溶水的水压调整到碳酸盐岩地层间的压力值,再将碳酸盐岩样本试件固定后,使碳酸盐岩按照一定压力渗流过碳酸盐岩样本试件一段时间,确保岩溶水充满碳酸盐岩样本试件的孔隙,然后将碳酸盐岩样本试件取出,擦净水分后称重,最后将碳酸盐岩样本用烘箱在适当温度烘烤一段时间后取出称重。两次称重的差除以水的密度就可以得到水的体积,即可以用来计算碳酸盐岩样本试件的孔隙度。苏北碳酸盐岩样本试件中有一部分是使用浸泡法计算碳酸盐岩孔隙度,碳酸盐岩样本中的毛细孔隙能否使用浸泡的方式充满岩溶水是值得怀疑的,这些样品的孔隙度值最好使用压渗法再测试一遍。碳酸盐岩样本的压渗法,也可以测量碳酸盐岩的岩溶发育速度,在测试前称重碳酸盐岩样本试件,使用岩溶水压渗一段时间后,将烘干后的碳酸盐岩样本试件再称重,两次称重的质量差就可以用来计算碳酸盐岩的岩溶发育速度。所以在碳酸盐岩的 TCRM 岩溶室内模拟研究中,岩溶水的压渗实验是非常重要的碳酸盐岩研究手段。

2.2.4 基于 TCRM 的碳酸盐岩历史研究数据整理

碳酸盐岩图像分析岩溶研究不能脱离 TCRM 研究数据的支持。目前困扰碳酸盐岩图像分析岩溶研究最常见的问题是,常有同行询问如何知道用图像分析法得到的碳酸盐岩的孔隙度和岩溶发育速度是准确的。目前在有经费保证的区域往往两种研究方法一起使用,即同时使用碳酸盐岩图像分析岩溶研究和碳酸盐岩 TCRM 研究,这样做的优点是研究结果的可信度比较高,一般不会有人质疑碳酸盐岩的孔隙度是否准确。这样做的缺点也很明显,由于使用了两种研究方法,碳酸盐岩研究的经费成本、时间成本和人力成本都高了。因此在经费比较少的地区,不能实行同时采用两种研究方法的方式。在实际的科学研究中,经常会有一些碳酸盐岩地区,在历史上进行了比较长时间的碳酸盐岩岩溶研究和水理性质研究,积累了比较丰富的碳酸盐岩研究数据,但目前经费短缺又没办法同时进行两种方法的岩溶研究。既然这一碳酸盐岩地区在历史上已经进行了岩溶研究和水理性质研究,由于碳酸盐岩在短时间(10 年左右)不受人类活动影响就不会发生明显的孔隙度变化和岩溶发育速度变化,那么这些用 TCRM 获得的历史上的碳酸盐岩研究数据就是很好的碳酸盐岩图像分析岩溶研究的对比参数,可以有效地替代 TCRM 实验,减少碳酸盐岩的研究成本,值得在碳酸盐岩图像分析岩溶研究中重视和推广。苏北碳酸盐岩地区历史上积累的 TCRM 研究数据,是很好的碳酸盐岩图像分析岩溶研究的数据基础。对苏北碳酸盐岩地区历史上积累的 TCRM 研究数据应该按照以下原则进行筛选。

（1）重复观测的原则

利用图像分析岩溶研究得到的碳酸盐岩孔隙度不太可能只研究一次就得到正确的碳酸盐岩孔隙度值和岩溶发育速度。利用 TCRM 进行的碳酸盐岩研究得到的单个碳酸盐岩样本的孔隙度和岩溶发育速度的值也很难代表碳酸盐岩采样点附近碳酸盐岩地层的孔隙度值和岩溶发育速度。为了避免系统误差的产生,碳酸盐岩图像分析岩溶研究和 TCRM 研究都需要多次进行并分别取平均值进行比较研究。如果使用碳酸盐岩地区的 TCRM 历史研究数据进行碳酸盐岩的 TCRM 研究的替代,则碳酸盐岩地区同一采样地点的 TCRM 历史研究数据必须有同一采样地点的多次重复观测实验记录,最好重复次数在三次以上。碳酸盐岩地区采用室内模拟研究进行碳酸盐岩水理性质和岩溶指标的研究时,碳酸盐岩试件的重复观测是非常重要的,实际重复观测实验次数建议也在三次以上。碳酸盐岩的 TCRM 历史研究数据中有时会有矛盾的数据,这就需要仔细分析矛盾产生的原因,必要时需要重复进行碳酸盐岩的 TCRM 实验以获得验证数据。由于碳酸盐岩图像分析岩溶研究是比较新的研究方向,在研究过程中一定要谨慎,为了保证研究数据的准确,应该尽可能多地进行几次碳酸盐岩图像分析岩溶研究,将研究获得的碳酸盐岩孔隙度和岩溶发育速度取平均值作为对比研究使用的数据。碳酸盐岩图像分析岩溶研究对重复观测的数据要求比较高,所以对苏北碳酸盐岩地区历史上积累的 TCRM 研究数据进行筛选时应该重点注意有多次重复观测记录的研究地点数据。同一地点不同时期的重复观测记录对碳酸盐岩图像分析岩溶研究的结果逼近和算法迭代有很大影响,所以在进行历史数据筛选时,重复观测地点的数据优先。

（2）典型碳酸盐岩的原则

碳酸盐岩图像分析岩溶研究是比较新的岩溶研究手段,所以以往的研究先例没有碳酸盐岩的 TCRM 研究丰富。因此,碳酸盐岩图像分析岩溶研究的容错度没有 TCRM 高,在图像分析岩溶研究过程中要注意尽可能地减少会影响研究结果准确度的干扰因素。碳酸盐岩的纯度是非常重要的碳酸盐岩指标。在碳酸盐岩的图像分析岩溶研究中,为使图像分析岩溶研究尽可能地贴合实际的碳酸盐岩地层的岩溶反应过程,一般是将碳酸盐岩玻片代表的碳酸盐岩样本设定为典型碳酸盐岩进行研究。所以为了保证碳酸盐岩图像分析研究的地学背景符合碳酸盐岩地层的实际情况,一般应仔细鉴别碳酸盐岩地区的历史 TCRM 研究数据,尽量选择纯度较高的典型碳酸盐岩样本产生的 TCRM 历史研究数据,作为和碳酸盐岩图像分析岩溶研究的对比数据。由于碳酸盐岩图像分析岩溶研究是借助碳酸盐岩玻片偏光显微图像的黑白二值化处理来计算碳酸盐岩的孔隙度与岩溶发育速度,所以如果构成碳酸盐岩玻片的碳酸盐岩纯度不高,会严重影响碳酸盐岩偏光显微图像的黑白二值化处理结果,从而影响碳酸盐岩偏光显微图像以图像分析法得到的碳酸盐岩的孔隙度与岩溶发育速度的准确性,进而影响碳酸盐岩图像分析岩溶研究的可信度。因此,在碳酸盐岩图像分析岩溶研究中,要坚持典型碳酸盐岩的原则,避免使用纯度不高的碳酸盐岩样本。

苏北碳酸盐岩地区采集的岩石样本碳酸盐纯度区别很大,对岩溶作用的影响也很大。碳酸盐岩的图像分析岩溶研究主要是针对纯净碳酸盐岩而进行研究,所以在对苏北碳酸盐岩地区历史上积累的 TCRM 研究数据进行筛选时应该重点注意碳酸盐岩样品中碳酸盐纯度较高的样品,要注意看历史研究数据中的碳酸盐岩纯度检查记录。碳酸盐岩的图像分析岩溶研究是新兴的岩溶研究技术,碳酸盐岩样品试件的碳酸盐岩纯度越高,在碳酸盐岩的岩溶研究中需要排除的因素就越少,可以认为该碳酸盐岩样品试件与岩溶水之间的岩溶作用越单纯。如果这样的碳酸盐岩样品制作的碳酸盐岩玻片,其得到的偏光显微图像用来做碳酸盐岩图像分析岩溶研究,则碳酸盐岩的图像分析岩溶研究得到的岩溶发育速度更容易得到碳酸盐岩研究人员的认可。从碳酸盐岩偏光显微图像的像素点点阵分析上来说,越是纯净的碳酸盐岩玻片,其得到的碳酸盐岩偏光显微图像中由于杂质引起的 RGB 值与周边像素点有明显区别的异常像素点就越少,碳酸盐岩在图像分析岩溶研究中使用的图像分析算法复杂度要求也就越低,因此是更加良好的碳酸盐岩图像分析岩溶研究的样品试件。碳酸盐岩样品试件的纯度较高时,碳酸盐岩玻片的纯度也较高,不容易出现刮痕等现象,碳酸盐岩玻片采集的碳酸盐岩偏光显微图像中就不容易出现异常像素点的集合,碳酸盐岩图像分析岩溶研究中使用的图像处理算法就可以更简单,对基于 TCRM 的碳酸盐岩研究数据的目标逼近和算法迭代也变得更简单准确。所以,在基于 TCRM 的碳酸盐岩历史研究数据中,要重点搜集分析纯度比较高的碳酸盐岩研究数据。

（3）孔隙度良好原则

在某个碳酸盐岩地区进行碳酸盐岩图像分析岩溶研究的早期,最好使用孔隙明显的玻片,玻片的偏光显微图像预估碳酸盐岩的孔隙度尤为理想。这是因为碳酸盐岩图像分析岩溶研究的研究者可以先凭借自身经验对碳酸盐岩玻片偏光显微图像的碳酸盐岩孔隙度有一个预估值,这个值不一定精确,但和最后通过图像分析岩溶研究得到的孔隙度结果应该在同一个数量级上。如果研究者凭借经验获得的碳酸盐岩孔隙度和用图像分析法获得的碳酸盐岩孔隙度有很大的差异,根本不在一个数量级上,就需要研究人员深入分析二者之间差异产生的原因。由于碳酸盐岩样品的孔隙度越好,研究人员的预估值就越容易接近真实值,所以碳酸盐岩图像分析岩溶研究过程中,特别是在研究的早期阶段,非常需要孔隙度良好的碳酸盐岩样品的支持。碳酸盐岩的孔隙度良好时,也比较容易使用碳酸盐岩偏光显微图像的黑白二值化阈值处理算法来获得碳酸盐岩的孔隙度。因此,在碳酸盐岩地区进行碳酸盐岩图像分析岩溶研究时,要注意优先选择孔隙度良好的碳酸盐岩样品。在利用 TCRM 历史研究数据进行碳酸盐岩图像分析岩溶研究的对比研究中,要注意鉴别 TCRM 历史研究数据所使用的碳酸盐岩样本是否是孔隙度良好的碳酸盐岩样品,优先选择孔隙度良好的碳酸盐岩样本的历史 TCRM 研究数据作为碳酸盐岩图像分析岩溶研究的对比数据。

　　苏北碳酸盐岩地区采集的岩石样本岩石孔隙度区别很大,对岩溶作用的影响很大。岩溶水只有循岩石孔隙进入岩石内部,才能将岩溶作用不局限于岩石表面。所以在对苏北碳酸盐岩地区历史上积累的 TCRM 研究数据进行筛选时应该重点注意碳酸盐岩样品中孔隙度较高的样品,特别是孔隙度变化比较大的历史记录。如果基于 TCRM 的碳酸盐岩样品试件较致密,碳酸盐岩样品试件的孔隙度值较小,则不同碳酸盐岩样品试件之间的碳酸盐岩孔隙度之间的差距也较小。而碳酸盐岩图像分析岩溶研究中使用的碳酸盐岩玻片采集的偏光显微图像,更擅长计算孔隙度较大的碳酸盐岩样品的孔隙度,这是因为比较纯净的碳酸盐岩像素点中,突然出现异常像素点的集合,一般都是碳酸盐岩的孔隙。如果碳酸盐岩样品试件的孔隙度较小,则碳酸盐岩偏光显微图像中的异常像素点的集合需要更复杂的图像分析算法来进行孔隙度分析时,更需要复杂度高的碳酸盐岩图像分析算法来进行碳酸盐岩的图像分析,通过图像分析得到的碳酸盐岩的孔隙度值更不容易接近基于 TCRM 的碳酸盐岩孔隙度研究的结果,碳酸盐岩图像分析岩溶研究中对基于 TCRM 的碳酸盐岩孔隙度值分布区间的目标逼近和算法分析要比孔隙度大的碳酸盐岩样品更难。碳酸盐岩图像分析岩溶研究是新兴的岩溶研究技术,应尽可能地简化研究算法,筛选碳酸盐岩样品试件,提高碳酸盐岩图像分析岩溶研究的准确性,降低重复研究的难度,这样才能得到其他碳酸盐岩研究学者的认可。碳酸盐岩样品试件孔隙度更大的样品试件,碳酸盐岩的偏光显微图像越容易得到碳酸盐岩的孔隙度,是比较理想的碳酸盐岩图像分析岩溶研究样品。

　　(4)尽可能低的人为干扰原则

　　在碳酸盐岩地区进行碳酸盐岩图像分析岩溶研究过程中,特别是在早期过程中,一定要注意选择碳酸盐岩采集点中人为干扰尽可能低的碳酸盐岩样本。这是因为在碳酸盐岩的图像分析岩溶研究中,为了减少需要考虑的因素,一般都不考虑碳酸盐岩样品采集地点地学背景中的人为干扰因素,以降低图像分析算法的难度和复杂度,便于编程人员的理解(有的编程人员不一定受过完整的岩溶信息系统的教育训练,所以不一定能正确理解碳酸盐岩样品采集点地学背景中的人为干扰影响)。从算法优化的角度来说,一种算法需要考虑的地学背景因素越少,算法的难度与复杂度越低,程序员的可读性就越高。既然有的程序员搞不清算法中地学背景中的人为干扰因素的影响,干脆不解释,只要求程序员实现算法的输入、数据处理和输出的过程就可以了。所以在碳酸盐岩地区进行碳酸盐岩的图像分析岩溶研究的前提就是,针对尽可能低的人为干扰因素的碳酸盐岩采集点的样品进行研究。因此,在使用碳酸盐岩的 TCRM 历史数据与碳酸盐岩图像分析岩溶研究进行对比研究时,必须注意筛选碳酸盐岩采集点中人为干扰比较少的碳酸盐岩样本的历史研究数据,从而进行与图像分析岩溶研究的对比研究。

苏北碳酸盐岩地区出于经济建设的原因,人为因素区别比较大。部分苏北碳酸盐岩地区人流量较大,人为干扰比较严重。在实际研究中这些地区的碳酸盐岩图像分析研究难以剥离人为因素干扰,所以不适合作为碳酸盐岩图像分析研究的基础数据。苏北碳酸盐岩地区很多地方有人类施工痕迹,这些地区的历史研究数据也不适合作为碳酸盐岩图像岩溶分析研究。所以在对苏北碳酸盐岩地区历史上积累的 TCRM 研究数据进行筛选时应该重点注意人为干扰的影响,特别是剔除人为干扰比较大的历史记录。

（5）裸地原则

碳酸盐岩图像分析岩溶研究为了减少碳酸盐岩地区动物、植物对碳酸盐岩地区岩溶过程的影响因素,一般是不考虑动物、植物对碳酸盐岩地区岩溶作用的影响的,为碳酸盐岩图像分析岩溶研究采集的碳酸盐岩样品,最好是没有植物分布的裸地,这样就不用考虑植被根系的生物酸对碳酸盐岩地区岩溶作用的影响。因此,碳酸盐岩的图像分析岩溶研究和碳酸盐岩的 TCRM 研究使用的碳酸盐岩样本,应该都是从碳酸盐岩地区没有明显的、可视的植物分布的裸地作为碳酸盐岩采样点采集的碳酸盐岩样品。如果使用碳酸盐岩地区的碳酸盐岩的 TCRM 历史研究数据作为碳酸盐岩图像分析岩溶研究的对比研究数据，必须注意尽可能地查询这些碳酸盐岩的 TCRM 历史研究数据的碳酸盐岩采样点是否有采样点地区植被分布的记录。

苏北碳酸盐岩地区地表植被分布区别很大，对岩溶作用的影响也有很大区别，在苏北碳酸盐岩图像分析岩溶研究中必须尽可能剥离植物的生物酸对岩溶作用的影响，所以在对苏北碳酸盐岩地区历史上积累的 TCRM 研究数据进行筛选时应重点检查碳酸盐岩采集地区是否有植被存在记录，尽量使用裸地采集的碳酸盐岩样本的历史记录。

（6）信息化原则

碳酸盐岩地区如果进行了较长时间如 10 年以上时间的碳酸盐岩研究，一定会积累比较丰富的碳酸盐岩岩溶研究或水理性质研究数据，这些早期碳酸盐岩研究数据多数是纸质的，分散在研究人员手中。这种碳酸盐岩数据保存方法不太方便，也不利于数据共享。目前信息技术的发展很快，非常适合使用信息化技术的最新进展进行碳酸盐岩研究数据的保存与挖掘。在碳酸盐岩的研究数据信息化过程中，首先要建立碳酸盐岩研究的基础数据库，这是最重要的一步。基础数据库设置得是否良好直接影响后期的编程实现和用户体验，所以基础数据库的设置一定要研究团组全体人员反复商讨，研究团组中有的研究生不擅长编程并不影响他参与基础数据库的建设。在基础数据库建设中出现意见冲突，不能忽视年轻学者特别是研究生的意见，事实证明，很多高年级本科生和硕士研究生对基础数据库的建设意见是经得起历史检验的。在基础数据库建设完成后，要注意尽快建立基于基础数据库的小型管理信息系统（MIS），发挥基础数据库的作用，并向研究团组中所有研究人员通过 MIS 使用基础数据库，这样才能在使用中发现问题，为将来的碳酸盐岩科研 ERP 打下良好基础。

苏北碳酸盐岩地区用 TCRM 的历史研究数据，应当尽快解决服务器的托管问题，尽快使用移动 GIS 技术，并对苏北碳酸盐岩地区的历史研究数据进行 App 开发，以科研 ERP 的形式实现对苏北碳酸盐岩地区的历史研究数据进行数据挖掘。苏北碳酸盐岩地区科研 ERP 建设之前应该先完成苏北碳酸盐岩历史研究数据基础数据库建设及配套 App,先将现有数据使用起来,发挥社会影响,再视使用情况和社会反应分步完成苏北科研 ERP 建设。

　　本书希望通过对典型碳酸盐岩地区碳酸盐岩的 TCRM 历史研究数据进行整理,建立一整套碳酸盐岩的 TCRM 历史研究数据的整理规范,实现碳酸盐岩的 TCRM 历史研究数据基础数据库的建设。一般而言,本书使用的碳酸盐岩的 TCRM 历史研究数据的规范,应该是可以在其他进行过碳酸盐岩的 TCRM 历史研究的碳酸盐岩地区使用的。本书希望能规范碳酸盐岩的 TCRM 历史研究数据基础数据库的建库原则,并将此基础数据库的建库原则推广到其他类似的碳酸盐岩地区。本书在典型碳酸盐岩地区的碳酸盐岩的 TCRM 历史研究数据的整理中,建立了一些 TCRM 历史研究数据的整理原则,希望这些整理原则能够得到其他碳酸盐岩地区研究人员的欣赏和赞同。如果这些 TCRM 历史研究数据的整理原则能在其他碳酸盐岩地区使用,笔者会觉得很开心。本书在对典型碳酸盐岩地区的碳酸盐岩的 TCRM 历史研究数据进行整理过程中,发现有时仅使用 TCRM 历史研究数据的整理都可以有学术发现,所以笔者建议其他碳酸盐岩地区的研究人员不要忽视碳酸盐岩的 TCRM 历史研究数据的整理。在对 TCRM 历史研究数据的整理中,有时会发现有的采样点的研究数据有冲突的情况,这时不能简单地抛弃矛盾的数据,需要仔细分析碳酸盐岩研究数据冲突的原因,有时会有新的发现。因此,本书想建立一整套的典型碳酸盐岩地区的历史研究数据冲突的处理原则,供其他碳酸盐岩地区研究人员借鉴。

2.2.5　岩溶微生物对岩溶作用的影响

　　在碳酸盐岩地区进行碳酸盐岩图像分析岩溶研究时,不能忽视碳酸盐岩地层中岩溶水中生活的岩溶微生物对当地岩溶作用的影响。碳酸盐岩玻片在加工中,不能保留岩溶微生物分泌的代谢物对碳酸盐岩的孔隙内表面的痕迹影响。碳酸盐岩地区的岩溶微生物中,很多地区的样品都有硝化菌-反硝化菌存在,这些岩溶微生物中的硝化菌-反硝化菌结合大气降水形成的进入岩溶水的氮元素(也可能是人为干扰造成氮元素进入岩溶水),可能会改变岩溶水中的 H^+ 含量,进而严重影响碳酸盐岩地区的岩溶作用;也可能会改变岩溶水中 SO_4^{2-}、SO_3^{2-} 的含量,进而改变碳酸盐岩地区的岩溶作用。此外,这些岩溶微生物中的硫化菌-反硫化菌在与岩溶水中的 Ca^{2+} 发生反应时,可能生成石膏,严重影响碳酸盐岩地层的单轴抗压强度。在碳酸盐岩地区的地表土壤中,很多样品都有脱氮硫杆菌的存在,这些岩溶微生物中的脱氮硫杆菌,结合岩溶土壤和岩溶水中的 NH_4^+,可能会影响岩溶水的 pH 值,从而严重影响当地碳酸盐岩地层中的岩溶作用。

苏北碳酸盐岩地区岩溶研究中,不能忽视岩溶微生物对岩溶作用的影响。根据苏北碳酸盐岩地区的历史研究数据推测,苏北碳酸盐岩地区对岩溶作用有影响的岩溶微生物主要为硝化菌、反硝化菌、硫化菌、脱氮硫杆菌等,这些微生物主要分布在苏北碳酸盐岩地区的岩溶水和岩溶土壤中,当地岩溶微生物的来源中人类活动占了很大比例。

苏北碳酸盐岩地区的岩溶微生物很多是人类活动造成的。当地民众在进行鱼类饲养时投放的含硝化菌的净水剂可能会循岩石孔隙进入岩溶水或岩溶土壤;当地民众在农业生产时投放的含铵肥料可能改变岩溶土壤和岩溶水中的硝化菌-反硝化菌数量。

本书希望通过苏北碳酸盐岩地区的岩溶微生物对碳酸盐岩岩溶作用的研究,可以弄清碳酸盐岩地区岩溶微生物对碳酸盐岩产生影响的方式与过程。本书得到的碳酸盐岩地区岩溶微生物的研究成果,应该也适用于其他碳酸盐岩地区的岩溶微生物研究。其他碳酸盐岩地区如果发现有类似本书的岩溶微生物在岩溶土壤和岩溶水中出现,碳酸盐岩地层也有类似本书关注的矿物出现,那么基本可以判定该碳酸盐岩地区岩溶微生物对碳酸盐岩岩溶作用的影响,和本书在苏北碳酸盐岩地区的岩溶微生物研究成果是比较接近的。本书在碳酸盐岩地区使用 16S rDNA 技术进行岩溶微生物研究,使用代码托管网站中的 R 语言开源函数进行岩溶微生物研究结果的可视化表达,希望能得到其他碳酸盐岩地区研究人员的重视。目前岩溶微生物的研究手段进展很快,本书也希望能够借鉴其他碳酸盐岩地区研究人员采用的岩溶微生物的研究手段。本书在碳酸盐岩地区进行的岩溶微生物研究在研究手段上是可以重复的,本研究的负责人不认为碳酸盐岩地区进行的岩溶微生物研究不用考虑可重复性,可信的碳酸盐岩岩溶微生物研究一定是可以重复的。

2.2.6　碳酸盐岩图像分析岩溶研究的算法迭代和结果逼近

碳酸盐岩图像分析岩溶研究一般要与 TCRM 的研究数据进行对比分析,往往需要以算法迭代和结果逼近的方式多次进行碳酸盐岩图像分析研究。一般而言,碳酸盐岩图像分析岩溶研究中使用的算法都不是一两次对比研究就能够得到准确的图像分析岩溶研究的算法。所以在碳酸盐岩地区进行图像分析岩溶研究时,一定要注意搜集尽可能多的碳酸盐岩的 TCRM 研究数据作为对比研究的结果目标值。在对碳酸盐岩图像分析岩溶研究进行算法迭代前,应该先点验碳酸盐岩的 TCRM 研究数据。这些碳酸盐岩的 TCRM 研究数据应该是可信的,彼此间的差异不能太大,从而构成碳酸盐岩样品 TCRM 研究数据的分布区间。这个碳酸盐岩样品 TCRM 研究数据的分布区间就是碳酸盐岩图像分析岩溶研究所使用的结果逼近目标区间,即碳酸盐岩图像分析岩溶研究通过算法迭代得到的碳酸盐岩的岩石孔隙度或碳酸盐岩的岩溶发育速度的值,只要落在以上方法建立的对比研究结果逼近目标区间以内,就可以判定碳酸盐岩图像分析岩溶研究得到的碳酸盐岩孔隙度值和岩溶发育速度值是正确的。如果通过碳酸盐岩图像分析岩溶研究得到的碳酸盐岩孔隙度和岩溶发育速度的值不在以上对比研究结果逼近目标区间内,说明碳酸盐岩图像分析岩溶研究得到的碳酸盐岩孔隙度和岩溶发育速度的值不正确,还需要进一步进行碳酸盐岩图像分析算法迭代。

苏北碳酸盐岩地区岩溶研究不能忽视算法迭代和结果逼近的影响,一般用图像分析法做岩溶研究,主要是通过图像分析算法来进行,可很少能一下找到一个准确的、和 TCRM 结果接近的算法,因此,碳酸盐岩图像分析岩溶研究一定要经过多次的算法迭代才能做到图像分析岩溶研究的结果和 TCRM 的结果接近。在算法的迭代过程中,以苏北碳酸盐岩地区 TCRM 历史研究数据为逼近目标,逐代接近最优算法是本书重点关注的研究目标。

本书希望通过对苏北碳酸盐岩地区的图像分析岩溶研究,建立一整套算法迭代和结果逼近的规范;通过在碳酸盐岩玻片偏光显微图像的图像分析研究中,获得一整套比较适合碳酸盐岩地区的图像分析算法,可以用于其他地区的碳酸盐岩孔隙度和岩溶发育速度的算法;通过对碳酸盐岩的图像分析岩溶研究,以图像分析的方式得到和碳酸盐岩 TCRM 历史研究数据或室内模拟研究数据相接近的碳酸盐岩孔隙度或岩溶发育速度;在典型碳酸盐岩地区通过算法迭代和结果逼近得到的算法能够为其他碳酸盐岩地区的研究人员提供一种全新的碳酸盐岩研究方法。本书在苏北碳酸盐岩地区通过以碳酸盐岩 TCRM 历史研究数据或室内模拟研究数据获得的碳酸盐岩孔隙度或岩溶发育速度为目标逼近值,以对比研究的方式实现碳酸盐岩图像分析算法的迭代,将碳酸盐岩图像分析算法中使用的黑白二值化阈值的分布区间逐步缩小逼近真实值的过程,希望能被其他类似的碳酸盐岩地区的研究人员所借鉴,也希望其他碳酸盐岩地区的研究人员如果能对此算法迭代和结果逼近的规范作出实质性的修改,将是非常重要的碳酸盐岩研究技术的进步。

碳酸盐岩的图像分析岩溶研究在进行算法迭代和结果逼近时,应该密切联系研究团组中的程序员,仔细分析碳酸盐岩偏光显微图像在算法迭代和结果逼近的代码实现结果。在代码编程实现中,研究团组中的教师应该密切联系研究团组中的学生程序员,在编程中要及时核对学生程序员开发的代码与算法的匹配情况,出现明显的代码与算法的偏差时要帮助学生程序员解决遇到的困难。有的代码与算法的偏差是因为学生程序员的算法能力不足造成的,不是缺少责任心造成的,此时需要仔细地向学生程序员讲解算法的推导过程。学生程序员只有先理解算法,才能保证在编程实现时不会出现偏差。碳酸盐岩偏光显微图像的黑白二值化阈值处理算法比较好理解,而黑白二值化阈值的有穷自动机来源一定要先让学生程序员正确地理解有穷自动机,再着手进行代码编程实现。代码的编程实现是研究团组的集体行为,所以每个研究团组的成员在自己新增的编程代码中一定要充分进行注释,解释自己的编程意图,这样上下游程序员才能看明白,在理解的基础上才能继续进行编程实现。在研究团组内部,要注意编程实现的规范化,尽量用内部文档来说明编程意图。

2.3　拟解决的关键科学问题

2.3.1　如何在图像分析法岩溶研究中进行算法迭代?

本书希望通过图像分析法岩溶研究和基于 TCRM 的岩溶室内模拟研究的对比研究,找到一种算法使图像分析法岩溶研究的准确率提高 40% ~60%,使研究人员在岩性分析时可以对该样本的水理性质和岩溶发育速度有基本了解。

本书使用了基于 TCRM 的岩溶室内模拟实验作为图像分析法的对比实验。由于基于 TCRM 的岩溶室内模拟实验使用的岩石样本都利用水理性质进行了筛选,因此用于对比的岩石样本都是岩溶发育比较典型的样本,是可信的算法迭代目标值。这是算法迭代的前提,算法迭代逼近的目标值一定是正确值。图像分析法进行碳酸盐岩岩溶研究一定有一个基础算法,研究方案已经定义了 Scilab 规范的有穷自动机。基础算法在利用已知的目标值迭代逼近时往往会使用某种其他算法来迭代[11]。本书主要使用马鞍曲线作为迭代的算法,与同行交流、开发源代码和论文发表也主要使用马鞍曲线迭代。

在确定了迭代曲线后,要注意参照 TCRM 的研究结果进行目标值的逼近,这个逼近过程主要通过曲线算法中算子的调整来实现。算法迭代是图像分析法进行岩溶研究的核心,一定要在正确的碳酸盐岩的 TCRM 研究结果基础上进行算法的迭代。如果碳酸盐岩的 TCRM 的研究结果不正确,那么很难保证碳酸盐岩图像分析岩溶研究使用的碳酸盐岩图像分析算法的迭代准确。

在针对碳酸盐岩地区的玻片偏光显微图像进行碳酸盐岩图像分析岩溶研究时进行的算法迭代过程,必须是可以重复的过程。碳酸盐岩图像分析岩溶研究中算法的迭代分析过程,必须在算法分析报告中详细描述迭代逼近的过程,这也是碳酸盐岩玻片偏光显微图像分析研究中常见的问题,即算法的迭代推导太过简略,导致其他碳酸盐岩地区的研究人员无法掌握图像分析算法的推导过程,当然也就无从谈起碳酸盐岩图像分析算法的编程重复。在碳酸盐岩图像分析岩溶研究中,必须尽可能地描述清楚图像分析的算法模型,只有这样,碳酸盐岩图像分析岩溶研究才是可以重复的。碳酸盐岩图像分析岩溶研究使用的碳酸盐岩算法是依靠碳酸盐岩的室内模拟研究或 TCRM 历史研究数据作为目标逼近值进行算法迭代的,因此,在对比研究中必须重视图像分析岩溶研究和碳酸盐岩的 TCRM 研究两种研究方法获得的碳酸盐岩孔隙度和岩溶发育速度的对比,不同碳酸盐岩地区的研究人员在针对碳酸盐岩地区的图像分析岩溶研究进行交流时,必须重视碳酸盐岩地区使用以上两种研究方法的结果交流。

2.3.2 如何进行图像分析法岩溶研究和基于 TCRM 的岩溶室内模拟研究的对比研究?

本书试图利用基于 TCRM 的岩溶室内模拟装置,模拟苏北地区碳酸盐岩地层的温度、压力与岩溶水条件,创建一套岩溶室内模拟研究的规范。基于 TCRM 的岩溶室内模拟研究是为对比研究提供准确的目标逼近值和结果验证手段,一定要保证基于 TCRM 的岩溶室内模拟研究结果的正确性。如果没有基于 TCRM 的岩溶室内模拟研究或历史研究数据作为验证手段,就很难知道图像分析法的研究结果是不是正确的。如果研究区的历史岩石孔隙度数据较多,可以找一找有没有同一地点反复观测的样本数据。在苏北地区的 2010—2017 年的岩溶数据中找到符合条件的岩石样本,可以用于苏北地区碳酸盐岩的对比研究。在2010、2013 和 2017 年的历史数据中,有一些样本具有岩石偏光图像和用 TCRM 获得的碳酸盐岩孔隙度。使用历史数据进行碳酸盐岩的对比研究有一个前提:同一地点在 10 年左右时间尺度上反复观测或研究的次数不能少于 3 次,这样才能分别用后两次的研究结果和第一次比较其线性倍增关系,线性倍增关系应该是接近的,因为同一地点的岩溶发育速度在 10 年左右时间尺度上不受外界干预影响时应该是接近的。如果同一地点在 10 年左右时间尺度上的研究结果线性倍增关系区别比较大,就不太适合本方法。

第3章 研究方法与实验手段

3.1 研究方案

3.1.1 碳酸盐岩样本预筛选：苏北碳酸盐岩地区岩石样本的天然含水率检查

苏北碳酸盐岩地区采集的岩石样本是否能用于碳酸盐岩图像分析岩溶研究，必须进行碳酸盐岩样本的天然含水率检查。只有通过了碳酸盐岩样本的天然含水率检查的苏北碳酸盐岩样本，才能用于碳酸盐岩图像分析岩溶研究。碳酸盐岩的天然含水率对碳酸盐岩的岩溶作用非常重要，碳酸盐岩地层中的岩溶水对碳酸盐岩地层中岩溶作用受到碳酸盐岩天然含水率影响非常大。碳酸盐岩的岩石孔隙只有存在岩溶水时，才会和碳酸盐岩的孔隙表面发生岩溶作用，从而影响碳酸盐岩地层的岩溶发育过程。碳酸盐岩样本的天然含水率和碳酸盐岩的孔隙度是密切相关的。如果碳酸盐岩样本的天然含水率值不符合碳酸盐岩图像分析岩溶研究的要求，则说明该碳酸盐岩样本的孔隙度值很可能不适合使用图像分析岩溶研究技术获得。碳酸盐岩图像分析岩溶研究使用的碳酸盐岩样品，最好是孔隙度比较好的碳酸盐岩样本，这样磨制加工形成的碳酸盐岩玻片的偏光显微图像使用黑白二值化阈值处理获得碳酸盐岩孔隙度的准确度才会比较理想,碳酸盐岩图像分析岩溶研究的结果才会比较准确。因此,在碳酸盐岩图像分析岩溶研究中,必须重视碳酸盐岩样本的天然含水率检查。天然含水率不理想,不符合碳酸盐岩图像分析岩溶研究预期的碳酸盐岩样本,必须舍弃,以免干扰碳酸盐岩玻片的偏光显微图像使用黑白二值化阈值处理获得碳酸盐岩孔隙度的准确度。从苏北碳酸盐岩地区采集的岩石样本来看,部分碳酸盐岩地区采集的碳酸盐岩样本的天然含水率比较理想。

3.1.2　碳酸盐岩样本预筛选：苏北碳酸盐岩地区岩石样本的容水度检查

　　苏北碳酸盐岩地区采集的岩石样本是否能用于碳酸盐岩图像分析岩溶研究,必须进行碳酸盐岩样本的容水度检查。只有通过了碳酸盐岩样本的容水度检查的苏北碳酸盐岩样本,才能用于碳酸盐岩图像分析岩溶研究。碳酸盐岩的容水度对碳酸盐岩的岩溶作用非常重要,碳酸盐岩地层中的岩溶水对碳酸盐岩地层中岩溶作用的影响,受碳酸盐岩容水度的影响非常大。碳酸盐岩样本的容水度大,说明碳酸盐岩样本中含有岩溶水的量会较大,对碳酸盐岩的岩溶作用起着良好的促进作用。碳酸盐岩图像分析岩溶研究是新兴的岩溶研究技术,缺少类似的研究先例,比较适合采用岩溶作用比较典型的碳酸盐岩样本作为研究对象。如果碳酸盐岩图像分析岩溶研究使用的碳酸盐岩岩石样本岩溶作用不典型,可能会误导碳酸盐岩图像分析岩溶研究的结果逼近算法迭代。所以碳酸盐岩样本的容水度对碳酸盐岩图像分析岩溶研究非常重要。碳酸盐岩的容水度还与碳酸盐岩的孔隙度变化有密切关系,如果碳酸盐岩的容水度较大,碳酸盐岩中含有的岩溶水就比较多,碳酸盐岩孔隙中的岩溶作用就会加大,碳酸盐岩的孔隙也就会产生扩张,因此,碳酸盐岩的容水度是非常重要的碳酸盐岩图像分析岩溶研究因素,值得研究人员认真关注。

　　苏北碳酸盐岩地区采集的碳酸盐岩样本中有很多碳酸盐岩样本的容水度比较理想,说明苏北碳酸盐岩地区采集的碳酸盐岩样本都比较适用于碳酸盐岩图像分析岩溶研究。进行苏北碳酸盐岩地区碳酸盐岩样本的容水度研究,必须重视水压渗透的容水度测试设计。这个测试过程除岩溶水渗流时间可以不同以外,所有碳酸盐岩试件的测试过程与环节应该统一,不允许跳过某些环节。由于苏北碳酸盐岩地区的某些碳酸盐岩致密性比较高,因此,不能使用岩溶水浸泡的方式测试容水度,必须使用岩溶水压渗法来获取碳酸盐岩的容水度。从苏北碳酸盐岩试件的测试结果来看,苏北碳酸盐岩地区的碳酸盐岩样本容水度还是比较理想的,说明苏北碳酸盐岩地区适合作为碳酸盐岩图像分析岩溶研究的地区。

3.1.3 碳酸盐岩样本预筛选:苏北碳酸盐岩地区岩石样本的持水度检查

　　苏北碳酸盐岩地区采集的岩石样本是否能用于碳酸盐岩图像分析岩溶研究,必须进行碳酸盐岩样本的持水度检查。只有通过了碳酸盐岩样本的持水度检查的苏北碳酸盐岩样本,才能用于碳酸盐岩图像分析岩溶研究。碳酸盐岩的持水度对碳酸盐岩的岩溶作用非常重要,碳酸盐岩的持水度和岩石孔隙的表面积、毛细孔隙分布率等指标密切相关,需要碳酸盐岩研究人员的认真对待。碳酸盐岩的持水度良好,说明岩溶水和碳酸盐岩的固—液接触面分布是有保证的,从而说明碳酸盐岩地层的岩溶作用应该也是比较理想的。如果碳酸盐岩的持水度比较低,说明碳酸盐岩的单个孔隙的孔径比较大,是否能用于碳酸盐岩的图像分析岩溶研究要仔细分析。如果碳酸盐岩样品的单轴抗压强度值比较低,碳酸盐岩持水度也比较低,要仔细分析碳酸盐岩的单轴抗压强度测试形成的破片,仔细观察碳酸盐岩的破片表面孔隙的孔径分布情况。根据碳酸盐岩破片表面孔隙的孔径分布情况,决定碳酸盐岩样品能否用于碳酸盐岩图像分析岩溶研究。综上所述,碳酸盐岩的持水度是碳酸盐岩非常重要的水理性质指标,对碳酸盐岩的图像分析岩溶研究有重大影响,值得碳酸盐岩的研究人员重视。

　　苏北碳酸盐岩地区在采集碳酸盐岩样本时,一般先目视预估了碳酸盐岩的持水度,避开了碳酸盐岩持水度不符合要求的地区。所以在苏北碳酸盐岩地区采集的碳酸盐岩样本,多数都是碳酸盐岩持水度符合要求的样本。在实际测试中,碳酸盐岩单轴抗压强度太低的碳酸盐岩样本,都没有进行碳酸盐岩持水度的测试。苏北碳酸盐岩地区的碳酸盐岩样本,在加工中没有发现孔径明显比较大和可能影响碳酸盐岩持水度的岩石孔隙。多数单轴抗压强度较低的碳酸盐岩样本,是因为碳酸盐岩样本的孔隙度较高造成的,但单轴抗压强度的破片表面的碳酸盐岩孔径并不是非常大。另外在碳酸盐岩单轴抗压强度测试的破片表面发现有当地特有矿物存在,这些疏松多孔、经络状的当地特有矿物分布,在一定程度上也会严重影响苏北碳酸盐岩地区碳酸盐岩样本的持水度。

3.1.4　碳酸盐岩样本预筛选：苏北碳酸盐岩地区岩石样本的给水度检查

苏北碳酸盐岩地区采集的岩石样本,是否能用于碳酸盐岩图像分析岩溶研究,必须进行碳酸盐岩样本的给水度检查。只有通过了碳酸盐岩样本的给水度检查的苏北碳酸盐岩样本,才能用于碳酸盐岩图像分析岩溶研究。碳酸盐岩的给水度对碳酸盐岩的岩溶作用非常重要,碳酸盐岩的给水度和容水度、持水度有密切关系,是非常重要的碳酸盐岩研究指标,值得碳酸盐岩研究人员予以注意。碳酸盐岩的给水度在碳酸盐岩地层地下水位变化时,对碳酸盐岩地层孔隙中的岩溶水的存在有非常重要的意义。当碳酸盐岩地层中有大量毛细孔隙存在时,碳酸盐岩的给水度对保存碳酸盐岩地层中的岩溶水的存在有非常重要的意义。如果碳酸盐岩地层的地下水位经常发生变化,则更需重视碳酸盐岩试件的给水度测试。碳酸盐岩的给水度是碳酸盐岩毛细孔隙分布的重要判断依据之一,如果碳酸盐岩的给水度值不符合预期,则很难将其用于碳酸盐岩图像分析岩溶研究。碳酸盐岩的给水度有时可以根据碳酸盐岩的单轴抗压强度值进行预估,如果碳酸盐岩的单轴抗压强度值不符合预期值,则碳酸盐岩的给水度也应该是不符合预期值的,这样就可以略过碳酸盐岩的给水度测试。综上所述,碳酸盐岩的给水度研究是非常重要的。

苏北碳酸盐岩地区在采集碳酸盐岩样本时,一般先目视预估了碳酸盐岩的给水度,避开了碳酸盐岩给水度不符合要求的地区。在采集碳酸盐岩样本时,也注意了当地地下水位有没有明显的水位变化痕迹,在苏北碳酸盐岩地区采集的碳酸盐岩样本,多数都是碳酸盐岩给水度符合要求的样本。在进行苏北碳酸盐岩地区碳酸盐岩样本的给水度研究时,必须重视水压渗透变化的给水度测试设计。碳酸盐岩的 TCRM 中给水度的测试方式很多,建议按照主流的碳酸盐岩给水度测试方式进行碳酸盐岩给水度变化研究。苏北碳酸盐岩的给水度与碳酸盐岩玻片的偏光显微图像上的暗纹有很密切的关系。要注意不是所有暗纹都和碳酸盐岩给水度有关,也可能是岩溶微生物或操作不当导致皮肤油脂粘连形成碳酸盐岩玻片偏光显微图像的暗纹。但可以确定的是,碳酸盐岩玻片偏光显微图像的很多暗纹是与碳酸盐岩给水度存在一定关系的。在苏北地区采集的碳酸盐岩样本,在先做单轴抗压强度测试时,要注意检查碳酸盐岩破片的表面有没有毛细状孔隙分布。如果在碳酸盐岩破片表面有毛细状孔隙分布,一定要注意采用 TCRM 规范的碳酸盐岩给水度测试方法,进行碳酸盐岩给水度的测试。苏北碳酸盐岩地区进行的碳酸盐岩图像分析岩溶研究都是使用的碳酸盐岩给水度符合预期的样本进行研究的。

3.1.5 碳酸盐岩样本预筛选:苏北碳酸盐岩地区岩石样本的渗透系数检查

苏北碳酸盐岩地区采集的岩石样本,是否能用于碳酸盐岩图像分析岩溶研究,必须进行碳酸盐岩样本的渗透系数检查。只有通过了碳酸盐岩样本的渗透系数检查的苏北碳酸盐岩样本,才能用于碳酸盐岩的图像分析岩溶研究。碳酸盐岩的渗透系数对碳酸盐岩的岩溶作用非常重要,碳酸盐岩的渗透系数决定了岩溶水在碳酸盐岩地层中的渗流速度,会对碳酸盐岩的水理性质如天然含水率、容水度等碳酸盐岩指标有明显影响,因此,对碳酸盐岩的岩溶发育速度有明显的影响。碳酸盐岩的渗透系数和碳酸盐岩地层孔隙中岩溶水与碳酸盐岩孔隙表面的固—液接触情况、岩溶水在碳酸盐岩地层孔隙中的分布等碳酸盐岩岩溶过程中的关键因素有明显关系。从某种意义上来说,碳酸盐岩的渗透系数是碳酸盐岩岩溶作用的决定性因素之一。碳酸盐岩图像分析岩溶研究使用的碳酸盐岩玻片最好是岩溶作用比较典型的碳酸盐岩样品加工来的。如果碳酸盐岩的渗透系数不是很理想,与碳酸盐岩图像分析岩溶研究的预期值有较大的差别,那么碳酸盐岩的岩溶作用可能也不是很理想,碳酸盐岩样品就不太适合作为碳酸盐岩图像分析岩溶研究的样品。

苏北碳酸盐岩地区采集的碳酸盐岩样本,部分碳酸盐岩的渗透系数是比较适合碳酸盐岩图像分析岩溶研究的。从苏北碳酸盐岩地区以 TCRM 方式进行的碳酸盐岩间岩溶水的渗流观测,说明苏北碳酸盐岩地区部分碳酸盐岩样本的岩溶水渗流量是比较理想的,应该可以满足碳酸盐岩图像分析岩溶研究需要。但在苏北碳酸盐岩地区进行碳酸盐岩图像分析岩溶研究时,要注意碳酸盐岩间岩溶水渗流留下的流痕对碳酸盐岩偏光显微图像的干扰。在碳酸盐岩偏光显微图像的黑白二值化阈值处理中,必须仔细控制有穷自动机的映射,设法去除碳酸盐岩偏光显微图像上碳酸盐岩间岩溶水渗流留下的流痕,避免流痕干预碳酸盐岩图像分析岩溶研究的结果。在观察苏北碳酸盐岩地区的碳酸盐岩偏光显微图像时,要注意有无碳酸盐岩间岩溶水渗流留下的沉积物,这些沉积物要通过有穷自动机的映射调整去除后再进行碳酸盐岩偏光显微图像的黑白二值化阈值处理。

3.1.6 碳酸盐岩样本预筛选:苏北碳酸盐岩地区岩石样本的吸水率检查

苏北碳酸盐岩地区采集的岩石样本,是否能用于碳酸盐岩图像分析岩溶研究,必须进行碳酸盐岩样本的吸水率检查。只有通过了碳酸盐岩样本的吸水率检查的苏北碳酸盐岩样本,才能用于碳酸盐岩的图像分析岩溶研究。碳酸盐岩的吸水率对碳酸盐岩的岩溶作用非常重要,它可以反映碳酸盐岩的孔隙度是否符合碳酸盐岩图像分析岩溶研究的要求,是非常重要的碳酸盐岩水理性质之一。碳酸盐岩的吸水率可以直观地反映碳酸盐岩样本的孔隙度,是很好的碳酸盐岩图像分析岩溶研究计算碳酸盐岩孔隙度是否准确的判定依据之一。碳酸盐岩的渗透系数在反映碳酸盐岩的孔隙裂隙张开程度上,是不能和碳酸盐岩的吸水率相比的,碳酸盐岩的吸水率可以很好地衡量碳酸盐岩样品的孔隙裂隙张开情况,是否有助于增加碳酸盐岩地层孔隙内岩溶水与孔隙表面的固—液接触面,借助碳酸盐岩的吸水率可以初步对碳酸盐岩样品所在地层的岩溶发育速度研究有一定帮助。碳酸盐岩图像分析岩溶研究需要的是岩溶作用比较理想的碳酸盐岩样本,而碳酸盐岩的吸水率可以在碳酸盐岩的图像分析岩溶研究中作为判定结果是否可信的依据之一。因此,碳酸盐岩的吸水率是值得碳酸盐岩研究人员关注的碳酸盐岩指标。

苏北碳酸盐岩地区的碳酸盐岩样本采集,必须先考虑碳酸盐岩样本的吸水率。苏北碳酸盐岩地区采集的部分碳酸盐岩样本,在使用 TCRM 进行碳酸盐岩吸水率测试后,碳酸盐岩吸水率的分布区间基本是比较理想的,符合碳酸盐岩图像分析岩溶研究的需要。苏北碳酸盐岩在采集后一般先加工成碳酸盐岩单轴抗压强度测试试件,委托企业进行单轴抗压强度测试。苏北碳酸盐岩地区采集的碳酸盐岩样本在进行单轴抗压强度测试以后,会根据碳酸盐岩破片的孔隙分布情况,初步预测碳酸盐岩试件的预估吸水率。在使用 TCRM 进行碳酸盐岩样本的吸水率测试后,再根据碳酸盐岩的测试吸水率和预估吸水率进行比较,如果二者相差不大,说明碳酸盐岩样本比较理想,是碳酸盐岩图像分析岩溶研究的理想样品。如果二者的值相差很大,要仔细分析二者差异产生的原因,对该碳酸盐岩样本是否可以加工成玻片进行判断分析,在此基础上决定该碳酸盐岩样本能否用于碳酸盐岩的图像分析岩溶研究。从 TCRM 的测试结果来看,苏北碳酸盐岩地区采集的部分岩石样本基本可以用于碳酸盐岩图像分析岩溶研究。

3.1.7　苏北碳酸盐岩样本的单轴抗压强度测试

苏北碳酸盐岩地区采集的碳酸盐岩样本在经过预筛选后,应组织进行基于 TCRM 的碳酸盐岩单轴抗压强度测试。只有通过了碳酸盐岩样本的单轴抗压强度检查的苏北碳酸盐岩样本,才能用于碳酸盐岩图像分析岩溶研究。碳酸盐岩图像分析岩溶研究是比较新的岩溶研究技术,应该尽量使用比较典型的碳酸盐岩样品,注意利用碳酸盐岩的单轴抗压强度测试来筛选碳酸盐岩样本,尽量在碳酸盐岩图像分析岩溶研究中使用典型的碳酸盐岩样本加工的玻片。碳酸盐岩的单轴抗压强度对碳酸盐岩的岩溶作用非常重要,如果将碳酸盐岩的单轴抗压强度值构成曲线,就可以直接地反映碳酸盐岩的孔隙度等碳酸盐岩岩溶指标变化趋势。碳酸盐岩的单轴抗压强度测试形成的碳酸盐岩破片,也是非常重要的碳酸盐岩样本是否适合用于碳酸盐岩图像分析岩溶研究的重要依据,不能轻易抛弃这些碳酸盐岩破片。碳酸盐岩的单轴抗压强度是 TCRM,但它对于碳酸盐岩图像分析岩溶研究有着重要意义。碳酸盐岩的单轴抗压强度的破片上的裂隙纹路,也值得在碳酸盐岩图像分析岩溶研究之前仔细分析。

苏北碳酸盐岩地区采集的部分碳酸盐岩样本的单轴抗压强度完全符合碳酸盐岩的典型特点。部分苏北碳酸盐岩样本的单轴抗压强度的分布区间是比较理想的,完全符合碳酸盐岩图像分析岩溶研究的需要。部分苏北碳酸盐岩的单轴抗压强度破片上有的有羽状的毛细孔隙痕迹,有的有明显的空腔,有的有石膏组织分布,有的有岩溶水沉积物分布,都是碳酸盐岩是否适用于碳酸盐岩图像分析岩溶研究的重要依据。苏北碳酸盐岩地区有的碳酸盐岩样本致密性很高,但碳酸盐岩的破片上孔隙的分布有高有低,都需要碳酸盐岩的研究人员仔细加以研究。苏北碳酸盐岩地区有的碳酸盐岩易碎度很高,单轴抗压强度很低,碳酸盐岩破片上明显有砂粒分布,这些碳酸盐岩样本显然不适合作为碳酸盐岩图像分析岩溶研究的样品。在苏北碳酸盐岩地区岩石样本,在单轴抗压强度的破片上有明显的孔隙分布,但碳酸盐岩样本是致密性比较高的碳酸盐岩,这些孔隙的成因可能与岩溶微生物有密切关系。在苏北碳酸盐岩地区图像分析岩溶研究中,不能忽视碳酸盐岩的单轴抗压强度测试。如果不进行碳酸盐岩的单轴抗压强度测试就直接进行碳酸盐岩图像分析岩溶研究,可能会给碳酸盐岩图像分析岩溶研究的结果逼近和算法迭代产生干扰。

苏北碳酸盐岩地区使用碳酸盐岩图像分析岩溶研究得到的碳酸盐岩孔隙度和碳酸盐岩的单轴抗压强度值是密切相关的,所以碳酸盐岩的单轴抗压强度是很好的碳酸盐岩图像分析岩溶研究得到的碳酸盐岩孔隙度和岩溶发育速度是否准确的验证手段。如果利用碳酸盐岩图像分析岩溶研究得到的碳酸盐岩孔隙度较大,而碳酸盐岩的单轴抗压强度值也比较大,则说明碳酸盐岩的孔隙度和单轴抗压强度的值不匹配,需要认真深入分析孔隙度和单轴抗压强度不匹配的原因。这种不匹配也有可能是碳酸盐岩样品的孔隙分布形态和岩石性质造成的,因此,在出现孔隙度值与单轴抗压强度值不匹配时,应该重点检查碳酸盐岩单轴抗压强度测试形成的碳酸盐岩破片,检查碳酸盐岩破片表面的孔隙形态与分布特征。岩溶发育速度和孔隙度在地学背景上还有一些不同,在利用曲线变化趋势衡量碳酸盐岩图像分析岩溶研究的结果是否准确时,最好不要使用碳酸盐岩图像分析岩溶研究得到的岩溶发育速度构建曲线和单轴抗压强度曲线做变化趋势比较。

3.1.8 苏北碳酸盐岩玻片的加工

苏北碳酸盐岩地区采集的碳酸盐岩样本,在通过碳酸盐岩的预筛选和单轴抗压强度的筛选后,可以用于碳酸盐岩图像分析岩溶研究。在 TCRM 中有碳酸盐岩玻片的磨制加工规范。碳酸盐岩玻片的磨制加工,应该选择水理性质和单轴抗压强度比较理想的碳酸盐岩样本,将碳酸盐岩样本先用十字切割法切开,观察岩石样本切割面,避开易碎部分,尽量在切割面的中心部分,以挖取的方式,取大拇指指甲盖大小的一片,入刀深度以没刃为宜。如果碳酸盐岩样本在切割或挖取中破碎,则换一个样品继续。在碳酸盐岩样本的切割和挖取过程中必须严格按照操作规范做好安全防范措施。挖取片取下后,置于掌中观察外形是否需要修整。如果需要修整,尽量修整成矩形。外形修改完成后,将挖取片对光观察,根据透光性预估并记录其孔隙度。如果挖取片透光性不好,说明孔隙度不理想,则需重新挖取。符合要求的碳酸盐岩挖取片,将其放置到砂轮和护手片之间,以单指将其按住,开动砂轮磨制加工,磨制加工时注意戴上护目镜。砂轮磨制时间不能太长,具体时间要根据碳酸盐岩样本的切割面判断。在砂轮磨制完成后,挖取片一般成为薄片,从护手片上轻轻取下(此时磨制时间不当会很难取下,玻片加工失败),完成玻片加工的最后步骤。

在碳酸盐岩的玻片加工中,碳酸盐岩样本的挖取要注意几个要求。在十字切割面上挖取时,要注意避开砂粒部分,含砂粒的玻片在不同时期获得的碳酸盐岩偏光显微图像可能不同,因此不适合作为碳酸盐岩图像分析岩溶研究。碳酸盐岩的十字切割面上,要注意清除石膏,这些石膏在碳酸盐岩偏光显微图像上不视为碳酸盐岩的孔隙,但这些石膏一般是占用碳酸盐岩孔隙分布的。如果不能清除碳酸盐岩切割面上的石膏,就不适合作为碳酸盐岩图像分析岩溶研究的样本。在碳酸盐岩的十字切割面上挖取时,建议避开岩溶水的流痕,使碳酸盐岩图像分析岩溶研究中不需要通过算法分析去除流痕,从而降低图像分析的难度。碳酸盐岩的十字切割面上如果有岩溶水沉积物存在,建议去除这些沉积物再进行挖取。这些岩溶水沉积物不是孔隙,但和石膏一样都占用了碳酸盐岩孔隙空间,所以在碳酸盐岩图像分析岩溶研究中不能使用含有岩溶水沉积物的玻片。在苏北碳酸盐岩地区采集的碳酸盐岩样本在进行玻片的磨制加工时,要注意控制砂轮的磨制时间。这是苏北碳酸盐岩地区玻片磨制加工中最容易导致玻片加工失败的地方。如果没控制好砂轮的磨制时间,不要沮丧,重新挖取,再次重复玻片的磨制加工过程。

3.1.9　苏北碳酸盐岩偏光显微图像的获取筛选

苏北碳酸盐岩玻片加工完成后,可以进行碳酸盐岩偏光显微图像的采集。

偏光显微图像的采集,应该保证偏关显微图像的来源稳定,所以在碳酸盐岩图像分析岩溶研究中应尽量保证偏光显微镜型号的统一。如果可能,在偏光显微图像获取工作量不大的前提下,在一个图像分析岩溶研究项目中最好尽量使用同一台偏光显微镜作为碳酸盐岩偏光显微图像的获取设备。在以 10 年为尺度的碳酸盐岩岩溶研究中,图像获取设备的技术进步是不可避免的,那么在更新图像获取设备时,应该尽可能使用原厂的最新设备。如果原图像获取设备的生产厂商已经无法联络,建议购买参数比较接近的图像获取设备生产厂商的产品。在一个研究团组中,尽量保证碳酸盐岩偏光显微图像的获取设备如偏光显微镜的参数设置尽量统一,避免因为参数设置差异导致的算法迭代差异。如果可能,在研究团组中应该编制图像获取岗位,如果使用学生作为图像获取岗位的研究人员,则岗位人员的在岗时间应该小于其正常在校时间。建议在团组中尽量使用研究生作为图像获取岗研究人员,学生在读书期间换学校毕竟是小概率事件。在获取碳酸盐岩偏光显微图像时,注意要获取使用比例尺和不使用比例尺的偏光显微图像,保存格式为 PDF 和 JPG 格式,一般不建议使用其他格式。要注意不使用比例尺,不可以实际计算碳酸盐岩玻片孔隙的实际体积。在获取偏光显微图像时,以图像获取操作员目视最清楚为图像获取状态。一般以玻片中碳酸盐岩薄片的中心点为碳酸盐岩偏光显微图像的获取点。

全部用碳酸盐岩玻片获得的碳酸盐岩偏光显微图像,实际代表的碳酸盐岩面积一般是米粒左右大小。碳酸盐岩偏光显微图像的图像基本特征应该是接近的,如果碳酸盐岩偏光显微图像的图像基本特征和多数碳酸盐岩偏光显微图像有很大区别,那么必须在研究中剔除这些碳酸盐岩图像基本特征异常的偏光显微图像。碳酸盐岩图像分析岩溶研究主要是通过对图像的 RGB 值进行处理来进行研究,所以碳酸盐岩的偏光显微图像必须先进行 RGB 值的分布区间比较,对于 RGB 值的分布区间和其他多数碳酸盐岩偏光显微图像有较大区别的偏光显微图像,则必须在碳酸盐岩图像分析岩溶研究中剔除。这种碳酸盐岩偏光显微图像的 RGB 值分布区间的异常,要重点检查碳酸盐岩偏光显微图像的

RGB 值最大值像素点占总像素点的百分比。碳酸盐岩偏光显微图像的 RGB 值最大值分布异常，是不能用于碳酸盐岩图像分析岩溶研究的。

3.1.10　苏北碳酸盐岩图像分析岩溶研究

　　苏北碳酸盐岩地区的碳酸盐岩图像分析岩溶研究，主要针对碳酸盐岩的孔隙度进行，在碳酸盐岩孔隙度的基础上计算碳酸盐岩的岩溶发育速度。所有利用苏北碳酸盐岩地区采集的碳酸盐岩玻片获得的碳酸盐岩偏光显微图像，在预研究阶段已经筛除了不适合进行碳酸盐岩图像分析岩溶研究的碳酸盐岩偏光显微图像，即剩下的碳酸盐岩偏光显微图像都是研究团组认定适合作为碳酸盐岩图像分析岩溶研究的碳酸盐岩偏光显微图像。这些碳酸盐岩偏光显微图像有时不能被 Visual Studio 之类的编程工具识别，建议这些碳酸盐岩偏光显微图像在进行碳酸盐岩图像分析岩溶研究之前，先进行碳酸盐岩偏光显微图像的预处理。这种预处理可以借助常见的图像处理软件如 Photoshop 或 Imagej2x 等易获取的软件，将用偏光显微镜获得的碳酸盐岩偏光显微图像另存为通用的图像格式，如 JPG 或 PNG 格式，注意此时不要另存覆盖碳酸盐岩偏光显微图像的原始图像，另存的图像文件名必须按照研究团组的赋名规则命名，以确保研究团组内部可以看明白该图像文件所代表的碳酸盐岩采样点和碳酸盐岩玻片的编号。在使用编程工具调用这些图像时，建议使用通用的图像控件如 Picturebox 等控件调用碳酸盐岩的偏光显微图像，尽量不要使用黑盒私有的图像控件进行调用，以利于其他碳酸盐岩研究人员进行重复。

　　在使用编程工具进行碳酸盐岩偏光显微图像的图像处理时，使用的函数与控件应该是源代码可公开的。图像分析中使用的函数，应该从碳酸盐岩偏光显微图像的横向和纵向的像素点 RGB 值的双循环入手，选择合适的碳酸盐岩偏光显微图像的算法，得到碳酸盐岩偏光显微图像的 RGB 分界阈值，再将碳酸盐岩偏光显微图像借助 RGB 分界阈值，将碳酸盐岩偏光显微图像进行黑白二值化阈值处理，将碳酸盐岩偏光显微图像由 RGB 彩色图像转为黑白二值化图像，其中黑色的像素点即为碳酸盐岩孔隙所在位置。利用编程工具统计代表碳酸盐岩孔隙的黑色像素点总数,除以碳酸盐岩黑白二值化图像的像素点总个数,即可得到碳酸盐岩所代表的孔隙度。以这种方式得到的碳酸盐岩孔隙度,要和碳酸盐岩用 TCRM 得到的孔隙度进行比较。如果二者相差较大,则需要以 TCRM 得到的孔隙度为目标值,调整碳酸盐岩偏光显微图像的图像分析算法,得到新的碳酸盐岩黑白二值化处理阈值,直到以图像分析方式得到的碳酸盐岩孔隙度的值和用 TCRM 获得的孔隙度值接近,才能说明碳酸盐岩图像分析岩溶研究的方法是可靠的。如果以图像分析方式得到的碳酸盐岩孔隙度和 TCRM 得到的孔隙度接近,则要注意比对同一采样地点不同采样时期获得的碳酸盐岩玻片获得的碳酸盐岩孔隙度是否存在线性比例倍增关系,如果这种比例倍增关系存在,那么它和碳酸盐岩样品用 TCRM 获得的孔隙度比例倍增关系是否接近。只有二者接近时,才能说明碳酸盐岩图像分析岩溶研究是可靠的。如果这种比例倍增关系差异过大,说明碳酸盐岩图像分析岩溶研究的结果还需进一步完善,碳酸盐岩图像分析算法还需进一步目标逼近和算法迭代。如果这种比例倍增关系是接近的,就可以利用这种比例倍增关系和现有碳酸盐岩孔隙度计算不同时期的碳酸盐岩孔隙度。利用不同时期碳酸盐岩图像分析岩溶研究得到的碳酸盐岩孔隙度,就可以在此基础上推算出碳酸盐岩试件的岩溶发育速度。以碳酸盐岩图像分析法得到的碳酸盐岩岩溶发育速度,应该也存在某种线性比例倍增关系。将这种碳酸盐岩图像分析岩溶研究得到的岩溶发育速度比例倍增关系,与用 TCRM 获得的碳酸盐岩岩溶发育速度的比例倍增关系相比,如果二者接近,说明碳酸盐岩图像分析岩溶研究的算法可靠;如果二者不接近,说明碳酸盐岩图像分析岩溶研究的算法还需进一步迭代改进。当然,用两种研究方法得到的碳酸盐岩岩溶发育速度,和碳酸盐岩孔隙度一样,在绝对值上都应该是接近的。如果二者的绝对值相差太大,则碳酸盐岩图像分析岩溶研究的算法也需要进一步改进。

苏北碳酸盐岩地区进行碳酸盐岩图像分析岩溶研究,不能忽视在苏北碳酸盐岩地区历史上进行的碳酸盐岩的 TCRM 研究。这些 TCRM 历史研究数据是很好的碳酸盐岩图像分析岩溶研究的结果验证手段,对其他碳酸盐岩岩溶学者而言可接受度也比较高。这些碳酸盐岩的 TCRM 历史研究数据首先要验证图像分析岩溶研究的孔隙度中是否反常或差异过大,相应地,在验证比对过程当中要进行碳酸盐岩图像分析算法的结果逼近和算法迭代。在碳酸盐岩图像分析岩溶研究中,碳酸盐岩孔隙度线性比例倍增值也必须仔细和碳酸盐岩的 TCRM 历史研究数据中的碳酸盐岩孔隙度记录形成的比例倍增值进行验证对比。在碳酸盐岩图像分析岩溶研究中使用的碳酸盐岩样品,不一定在苏北碳酸盐岩地区的 TCRM 历史研究数据中有合适的验证对比数据记录,那么就需要对在 TCRM 研究中找不到历史研究数据的碳酸盐岩样品做室内模拟研究,以室内模拟研究的方式为碳酸盐岩图像分析岩溶研究搜集对比验证的数据。在碳酸盐岩图像分析岩溶研究中,碳酸盐岩的室内岩溶模拟研究应仅是一个辅助手段,是为缺少 TCRM 历史研究数据的少数碳酸盐岩样本搜集对比研究数据的一个辅助解决方案。绝不能在碳酸盐岩图像分析岩溶研究中本末倒置,将大量的工作花费在碳酸盐岩的室内岩溶模拟研究上。

　　碳酸盐岩图像分析岩溶研究是新兴的岩溶研究技术,只有先得到尽可能多的碳酸盐岩研究人员的认可,这项技术才有可能大行其道。但碳酸盐岩的研究人员多数都是地质学者出身,不一定都精通碳酸盐岩图像分析技术,所以在碳酸盐岩图像分析岩溶研究的早期,要注意控制碳酸盐岩图像分析岩溶研究的算法难度。研究团组中有学生提出使用模式识别技术进行碳酸盐岩研究,这种想法是好的,也是将来碳酸盐岩图像分析岩溶研究的重要演化方向之一。但现在最好不要在碳酸盐岩研究中广泛使用模式识别技术,当一项新研究技术刚刚出现时,必须保证一定的人群能够重复这项研究,这种研究技术才有推广和进一步完善的可能。如果一项新技术可重复性很低,就会限制研究的参与人群规模,使新技术长期得不到发展,反而不利于新技术的普及。因此,本书在碳酸盐岩的图像分析中尽量使用易于理解、容易被广泛接受的自然语言形式化的方式进行图像分析,使用形式语言中比较容易掌握的有穷自动机作为碳酸盐岩图像分析算法,以易理解的黑白二值化阈值处理的映射方式进行碳酸盐岩偏光显微图像的图像处理。从研究团组的实际研究经验来看,地理信息系统高年级本科生和硕士研究生都掌握得比较好。

3.1.11　苏北碳酸盐岩图像分析岩溶研究结果的可信度分析

苏北碳酸盐岩图像分析岩溶研究的结果是否可信,是一个需要慎重对待的问题。任何新的岩溶研究技术都必须得到其他碳酸盐岩研究人员的认可,至少必须得到很多碳酸盐岩研究人员的重复。不能重复的岩溶研究很多学者会认为属于玄学范畴。碳酸盐岩图像分析岩溶研究的可重复性很高,将源代码公开非常适合其他碳酸盐岩研究人员进行重复。但碳酸盐岩图像分析岩溶研究的结果是否准确则是一个非常需要重视的问题。科学上不能用未知证明未知,如果没有公认的碳酸盐岩孔隙度研究结果,谁能保证碳酸盐岩图像分析岩溶研究的结果是经得起工程验证的。如何能说服其他碳酸盐岩研究人员使其认为碳酸盐岩图像分析岩溶研究是可行的岩溶研究技术。在碳酸盐岩研究领域,TCRM 研究技术的公认度是比较高的,一般都认可 TCRM 的研究结果是准确的,TCRM 技术也比较适合进行其他碳酸盐岩研究人员的重复。既然碳酸盐岩研究人员都认可 TCRM 的研究结果,TCRM 的研究结果就是很好的碳酸盐岩图像分析岩溶研究的对比验证依据。TCRM 研究也会有碳酸盐岩的孔隙度、岩溶发育速度等指标,比较适合作为判断依据。以 TCRM 的研究结果验证碳酸盐岩图像分析岩溶研究的结果,比较容易得到其他碳酸盐岩研究人员的认可。

在碳酸盐岩的图像分析岩溶研究中,为科研项目而不是商业用途使用在代码托管网站上下载的开源控件和函数是可行的,但相应开发的源代码在加上研究团组的版权声明后应该上传到原代码托管网站。使用了开源代码还是应该遵守 GDL 开源协议,将新增代码上传,这也是为了其他碳酸盐岩研究人员可以进行碳酸盐岩的重复性研究。但在碳酸盐岩的图像分析岩溶研究中,碳酸盐岩的偏光显微图像作为研究数据不一定可以合法上传,这就需要研究团组在代码上传时在版权声明中尽可能详细地说明碳酸盐岩图像分析岩溶研究的重复过程、注意事项和偏光显微图像不能上传的理由,即在碳酸盐岩图像分析岩溶研究中,研究团组新开发的代码应该是可以上传的(除非使用了特别的已经收费的商业算法),但碳酸盐岩偏光显微图像不一定能合法上传。这应该能得到其他碳酸盐岩研究人员的理解,因为所有碳酸盐岩研究人员肯定都有不能上传公开的数据或图像。其他碳酸盐岩研究人员在使用研究团组上传的代码时可能会遇到问题,如果是研究团组中出去在其他院校中工作,属于身份确定的碳酸盐岩研究人员当然应该配合,尽可能帮助其解决困难。如果只是电话或电子邮件询问,一定要核实清楚对方实际身份与询问目的,再根据情况进行帮助。

3.1.12　基于 TCRM 的碳酸盐岩室内模拟实验法与碳酸盐岩图像分析岩溶研究的对比实验

从长远来看,岩溶研究一定会和信息技术的最新进展合流。碳酸盐岩图像分析岩溶研究在将来一定会迎来自己的迅速发展期,但目前还不是。在碳酸盐岩图像分析岩溶研究得到广泛应用时,碳酸盐岩研究人员广泛认可碳酸盐岩图像分析岩溶研究时,可以独立进行碳酸盐岩图像分析岩溶研究,不再使用碳酸盐岩的 TCRM 研究作为对比研究。但目前碳酸盐岩图像分析岩溶研究还是新兴的研究技术,研究先例也比较少,研究团组经常碰到这种研究方法可靠吗之类的问题,说明碳酸盐岩图像分析岩溶研究还必须有足够的证据说明这样的研究技术是可行的。碳酸盐岩图像分析岩溶研究作为独立研究手段往往会受到其他研究人员的怀疑,这也是新兴研究技术都要面对的问题。所以目前阶段碳酸盐岩图像分析岩溶研究最好有对比研究证明其研究结果的可靠性。作为碳酸盐岩图像分析对比研究的研究方法,应该得到碳酸盐岩研究人员的广泛认可,其研究结果不能有碳酸盐岩研究人员的广泛质疑且容易重复,这样才能作为碳酸盐岩图像分析岩溶研究的验证手段进行对比研究。一般很少有人怀疑碳酸盐岩的 TCRM 室内模拟研究的研究结果准确性,因此,基于 TCRM 的碳酸盐岩室内模拟实验法是很好的碳酸盐岩图像分析岩溶研究的对比手段。因此,本书希望进行以下对比实验:基于 TCRM 的碳酸盐岩室内模拟实验法与碳酸盐岩图像分析岩溶研究法的对比实验。

本书分别使用基于 TCRM 的岩溶室内模拟实验法与图像分析法进行苏北碳酸盐岩地区的岩溶发育速度研究。以基于 TCRM 的岩溶室内模拟实验法得到的岩溶发育速度结果为参照物,对图像分析法的图像处理算法进行迭代,以逐步逼近的方式修改图像处理算法,所以本项目的图像分析法的可重复性与准确度都是比较高的。这个对比研究包括 3 个方面。首先是基于 TCRM 的岩溶室内模拟研究的历史研究结果对比研究,苏北地区同一地点在 10 年左右时间尺度上的岩溶发育速度应该是接近的。所以在 10 年尺度上的研究结果,以 2010、2013 和 2017 年得到的研究结果为例,2013 年的基于 TCRM 的岩溶室内模拟研究的研究结果除以 2010 年的基于 TCRM 的岩溶室内模拟研究的研究结果得到的倍率,应该和 2017 年的基于 TCRM 的岩溶室内模拟研究的研究结果除以 2013 年的基于 TCRM 的岩溶室内模拟研究的研究结果得到的倍率接近(如果不接近说明该地在 10 年左右时间尺度上岩溶发育速度有比较大的变化,就不太适合作为图像分析法的对比研究结果)。其次是图像分析法得到的历史研究结果对比,如前文利用图像分析法获得的试件玻片孔隙度差换算试件质量差进而得到岩溶发育速度,所以 2013 年的图像分析法的研究结果除以 2010 年的研究结果得到的倍率,应该和 2017 年的图像分析法研究结果除以 2010 年的研究结果得到的倍率接近(如果不接近说明图像分析法的算法耦合度还要改进)。如果前两个对比研究通过,则将基于 TCRM 的岩溶室内模拟研究的研究结果和图像分析法研究结果进行对比,如果差距太大,要仔细地进行算法迭代,最终使多数样本用两种方法得到的结果趋于一致。以基于 TCRM 的岩溶室内模拟研究的研究结果和图像分析法研究结果进行对比,前提是岩石试件通过碳酸盐岩水理性质测试,岩石试件上的岩溶作用比较典型才可以进行对比。如果将未通过碳酸盐岩水理性质测试的试件研究结果和图像分析法的结果对比,会影响图像分析算法的准确性。

目前,本书是采取的使用 TCRM 进行图像分析法的验证改进,但 TCRM 比较费时,有时时间要求比较紧的判断需要快速得到结论。笔者一般在现场不看纸质历史数据,因为时间紧张实在看不过来,不如仔细看看地层,纸质数据一般是提前在办公室看而不是在现场看。但数据库技术却可以轻松实现地质资料的检索,完全符合科学研究野外科考的时间要求。苏北碳酸盐岩地区的岩溶研究时间跨度较大,数据积累比较丰富,如果是纸质数据检索某地层历史孔隙度数据确实很费时,但非常适合数据库技术的应用。目前以智能手机为代表的移动端设备十分普及,在师生中笔者使用的某型号手机是比较落后的手机,但该手机的算力已经足够运行开源网站上的岩性分析函数的 javascript 代码,所以直接在移动端进行碳酸盐岩图像分析研究是可行的。但为与鸿蒙等国内移动端操作系统兼容,笔者还是决定将碳酸盐岩的图像分析研究的逻辑计算放到服务器端,智能手机等移动设备只作为现场岩石图像信息的采集设备和计算结果的显示设备,将计算放到服务器端,将计算结果返回到智能手机等移动设备端供科研人员调用,这样就不会受到移动端设备操作系统变化的影响,完美兼容目前的鸿蒙系统。所以笔者一直想寻找合适来源的资金开发一个 App,将可以合法公开的碳酸盐岩数据(不只是苏北地区的碳酸盐岩数据)建立一个数据库,使用者用智能手机、平板等移动端设备拍摄岩石图像提交到服务器端,由服务器端通过计算分析出可能的地层,请使用者确认地层(使用者也可以通过下拉框更改地层识别结果)后,检索出该地层的历史孔隙度、岩溶发育速度等信息供科研人员使用。这个 App 的优点是对智能手机等移动端设备的算力要求不高,大量存量的老手机都可以使用。笔者希望能把这个 App 作为和其他同行交流的平台,相关开源资料与数据也可以借 App 发布。目前可以使用的岩溶软件都有很大的改进余地,笔者也希望借本书促进岩溶软件向移动端设备的发展。

3.1.13 在对比研究中进行基于 TCRM 的碳酸盐岩历史研究数据对比

    一个碳酸盐岩地区如果进行了较长时间的岩溶研究，如进行了 10 年左右时间尺度的岩溶研究，正常情况下一定会积累一些基于 TCRM 的碳酸盐岩历史研究数据。这些碳酸盐岩地区的基于 TCRM 的碳酸盐岩历史研究数据是很好的碳酸盐岩图像分析岩溶研究的对比验证手段，而且除了人力成本，不会新增其他研究成本，是比较理想的对比验证数据。碳酸盐岩图像分析岩溶研究是近年才出现的碳酸盐岩岩溶新技术，基于 TCRM 的碳酸盐岩历史研究数据基本都是在碳酸盐岩图像分析岩溶研究技术出现之前获取的。所以一般而言，基于 TCRM 的碳酸盐岩历史研究数据在获取时基本都没考虑为碳酸盐岩图像分析岩溶研究服务。在使用基于 TCRM 的碳酸盐岩历史研究数据进行碳酸盐岩图像分析岩溶研究的对比验证时，要加强对研究团组的解释工作，不能也不应该抱怨前人没考虑在基于 TCRM 的碳酸盐岩研究中配合碳酸盐岩图像分析岩溶研究，前人无法预计到这些基于 TCRM 的碳酸盐岩研究数据会被用来做碳酸盐岩图像分析岩溶研究的对比验证数据。由于这些基于 TCRM 的碳酸盐岩研究数据都是为碳酸盐岩图像分析岩溶研究以外的目的研究的，所以要注意对这些碳酸盐岩历史研究数据进行筛选，从中筛选出合适的基于 TCRM 的碳酸盐岩历史研究数据作为碳酸盐岩图像分析岩溶研究的对比数据。

    基于 TCRM 的碳酸盐岩历史研究数据的保存形式是多样的。如果碳酸盐岩地区的岩溶研究开始时，已经同步进行了岩溶信息系统的研究，则很多碳酸盐岩的研究数据会存储在数据库中。这是比较理想的情况，不管数据库的前台系统还在不在，有数据库都是非常理想的对比验证数据。这些数据库中的表不是为碳酸盐岩图像分析岩溶研究服务而设计的，所以表的结构可能不太适合碳酸盐岩图像分析岩溶研究。这些旧表一定不能直接改动，应该先按照碳酸盐岩图像分析岩溶研究研究设计表，再将旧表的数据导入过来。如果碳酸盐岩地区的历史研究数据是以 Office 文档方式保存的,则应当先翻阅这些文档,然后根据碳酸盐岩图像分析岩溶研究的需要,在数据库中重新建表或使用已有表,将这些 Office 文档的数据导入数据库。以上数据库表的数据的导入都要注意核对。如果碳酸盐岩地区的历史研究数据是纸质的,要注意先对纸质数据进行翻阅筛选,选择对碳酸盐岩图像分析岩溶研究有用的数据,在研究团组中组织人力将纸质数据输入数据库。这个纸质数据输入数据库的过程很容易出错,要注意安排专门的核对人员进行已经录入的纸质数据核对。如果纸质数据录入出错,会严重影响碳酸盐岩图像分析岩溶研究的结果逼近与算法迭代。

碳酸盐岩地区的基于 TCRM 的碳酸盐岩历史研究数据,不一定都是保存状态良好的。保存在数据库中的历史研究数据,如果数据库管理软件的版本比较早,目前已经难以找到合适的数据库管理工具软件。此时不能将数据库文件废弃不用,而是应该仔细分析可能的解决办法,如利用数据库的 ODBC 访问工具进行数据库文件的恢复。一般而言,当时选择录入数据库的基于 TCRM 的碳酸盐岩历史研究数据,多数都是非常重要的碳酸盐岩研究数据,所以必须重视这些历史上保存下来的碳酸盐岩研究数据数据库,尽可能将其数据导入到现有数据库中。这个过程对研究团组中的碳酸盐岩研究成员可能有些吃力,但研究团组是以地理信息系统方向的学生为研究主力,所以数据库的导出、导入不应该是研究团组难以解决的问题。对完成导入、导出旧数据库文件,要注意使用可靠的数据备份方式,尽可能使用硬盘阵列等具有镜像功能的数据存储方式。在数据库的导入、导出工作中,要注意日志的记录。这个日志的记录应该包括服务器操作系统日志记录和数据库操作日志记录,以便保存数据导入、导出人员操作信息。由于服务器操作系统日志和数据库日志的权限一般不在一个人手中,所以数据库导入、导出的操作记录不容易被同时删除。在碳酸盐岩图像分析岩溶研究中发现因数据库导入、导出错误而形成的目标逼近或算法迭代错误,应该警醒研究团组的研究人员在今后的工作中以严肃负责的态度进行。

在碳酸盐岩地区的基于 TCRM 的碳酸盐岩历史研究数据,有时会面临数据库文件的密码已经丢失且无法找回密码的情况。这种情况在碳酸盐岩地区的岩溶研究有中断时非常常见。碰到这种情况第一要保持冷静,仔细想想有没有通过数据库文件的创建者找回密码的可能。如果联系不上已经毕业离校的人员,要集合研究团组之力,仔细分析数据库文件有没有通过免费的技术手段恢复密码的可能性。如果没有办法通过技术手段进行碳酸盐岩数据库密码口令的恢复,要先评估数据库文件的重要性。如果不清楚数据库文件是否可用,可以将数据库文件放入备份的硬盘阵列以待将来处理。如果数据库文件对碳酸盐岩图像分析岩溶研究非常重要,可以寻求数据恢复商业公司的帮助,以收费服务的方式恢复数据。所以在碳酸盐岩图像分析岩溶研究中,要预先编制数据恢复资金预算,碰到无法打开使用的碳酸盐岩旧数据库文件,务必要妥善保存以待将来,绝对不可以将其直接删除。

基于 TCRM 的碳酸盐岩数据如果以纸质方式保存,则要注意在翻阅时仔细处理纸质文件的粘连现象。如果遇到年代久远已经无法目视看清的纸质文件,可以先扫描成计算机图像文件后,用图像分析技术查看这些纸质文件。在纸质文件的翻阅中,应该做好个人防护,戴好口罩与手套,在翻阅中轻轻翻阅,严禁撕扯等翻阅行为。如果纸质文件有霉斑等斑点遮蔽了所记载的文字,要妥善使用纸质文件整理办法去除霉斑等痕迹。在基于 TCRM 的碳酸盐岩历史纸质研究数据中无法看清的纸质文件,如果以现有的图像分析技术也无法看清,则应当妥善保管,以待将来技术进步时使用。碳酸盐岩的纸质文件有破损时,尽量不要使用该纸质文件的数据,科学上不能用未知去证明未知,万一正是破损处丢失的数据影响了碳酸盐岩图像分析岩溶研究的结果逼近和算法迭代,在实际的碳酸盐岩偏光显微图像的图像处理研究中还很难发现,这会严重改变碳酸盐岩图像分析岩溶研究在其他碳酸盐岩研究人员中的可接受程度。因此,在碳酸盐岩图像分析岩溶研究中,要做好基于 TCRM 的碳酸盐岩纸质历史研究数据的筛选与保存。

基于 TCRM 的碳酸盐岩数据如果以 U 盘、移动硬盘等移动存储方式进行保存,可能会出现读不出的现象。碰到这种情况时不用着急,多数都是可以以数据找回的方式实现对存储文件的读取。基于 TCRM 的碳酸盐岩数据一般不适用网络云盘存储,要禁止研究团组中使用网络云盘相互之间分享数据,面向公众发布的碳酸盐岩数据一般由论文的通信作者发布,其他合作作者不要发布。碳酸盐岩的 TCRM 历史研究数据中可能涉及自研发的碳酸盐岩研究设备,这部分可能会有商业应用价值的碳酸盐岩研究设备的结构照片和设备设计图一定要注意保存,在得到商业利用前不要向公众和来访学者公布,建议借助风险投资的引入实现碳酸盐岩的 TCRM 研究设备的商业化,借以形成碳酸盐岩研究的产学研循环,降低研究团组面临的经费困难。这样做是为了研究团组将来有更好的发展,一定要注意做好相关的内部解释说明工作,以免商业化还没实现,研究团组先出现人心离散、分崩离析。

　　基于 TCRM 的碳酸盐岩历史研究数据中,有很多碳酸盐岩历史研究数据是为其他研究目的进行的,所以在碳酸盐岩的 TCRM 历史研究数据中会有很多不适合作为碳酸盐岩图像分析岩溶研究的对比研究数据。这些数据可能暂时不能用于碳酸盐岩图像分析岩溶研究,但也不要轻易地废弃这些数据,很难说将来这些基于 TCRM 的碳酸盐岩历史研究数据是不是可以用于碳酸盐岩图像分析岩溶研究。基于 TCRM 的碳酸盐岩历史研究数据中,碳酸盐岩的孔隙度可能使用好几种研究方法获得。在利用基于 TCRM 的碳酸盐岩历史研究数据进行碳酸盐岩的图像分析岩溶研究数据进行对比验证时,必须注意碳酸盐岩的 TCRM 获得的碳酸盐岩孔隙度的研究方法区别,如果相邻不远的采样点获得的碳酸盐岩样品的孔隙度有一定差别,也要注意分析是不是碳酸盐岩的 TCRM 使用的研究方法不同造成的。碳酸盐岩使用 TCRM 进行碳酸盐岩孔隙度测试时,分形法、浸泡法或压渗法之类的孔隙度测试方法的值会有一定区别。所以在通过基于 TCRM 的碳酸盐岩历史研究数据进行碳酸盐岩的图像分析岩溶研究对比时,要注意对不同 TCRM 获得的碳酸盐岩孔隙度有一定的余量区间控件,将 TCRM 获得的碳酸盐岩孔隙度值乘以一个接近 1 的常数,再和作为碳酸盐岩图像分析岩溶研究结果逼近和算法迭代的依据。

3.1.14 基于 TCRM 的碳酸盐岩室内模拟实验研究的实验设计

前文已经说明在碳酸盐岩图像分析岩溶研究中,必须进行碳酸盐岩的对比实验进行碳酸盐岩图像分析岩溶研究的结果验证。现阶段,如果在碳酸盐岩图像分析岩溶研究中找不到碳酸盐岩的 TCRM 历史研究数据作为对比验证的依据,那么利用基于 TCRM 的碳酸盐岩室内模拟研究进行对比验证数据的手机就十分必要了。碳酸盐岩图像分析岩溶研究得到的碳酸盐岩孔隙度和碳酸盐岩岩溶发育速度都是碳酸盐岩室内模拟研究要得到的值,所以基于 TCRM 的碳酸盐岩室内模拟研究是非常合适的碳酸盐岩图像分析对比验证的研究手段。使用基于 TCRM 的碳酸盐岩室内模拟研究作为碳酸盐岩图像分析岩溶研究的对比验证的研究手段的前提是,找不到该碳酸盐岩样本采集地的 TCRM 历史研究数据作为验证手段。此时只好通过使用基于 TCRM 的碳酸盐岩岩溶室内模拟研究来收集碳酸盐岩图像分析岩溶研究的对比验证数据。在基于 TCRM 的碳酸盐岩岩溶室内模拟研究中,如果某碳酸盐岩样本采集地有碳酸盐岩玻片,但找不到碳酸盐岩孔隙度或碳酸盐岩岩溶发育速度的情况,则可以实地到该碳酸盐岩样本采集地重新采集碳酸盐岩样本,以 TCRM 重新获得碳酸盐岩的孔隙度和岩溶发育速度等岩溶指标。如果碳酸盐岩岩石样本来源于新增碳酸盐岩样本采集点,则自然没有 TCRM 的历史研究记录,当然只有通过基于 TCRM 的碳酸盐岩室内模拟研究方式获得碳酸盐岩图像分析岩溶研究的对比验证数据。

在对比研究中进行基于 TCRM 的碳酸盐岩岩溶室内模拟实验研究,必须保证得到的研究结果是正确的,才能和图像分析法岩溶研究的结果对比。在苏北碳酸盐岩地区进行基于传统碳酸盐岩研究方法的室内岩溶模拟实验研究的前提条件是该区域内采集的地层岩石样本必须是可溶的岩石,地层中的岩溶水溶蚀能力不能太弱;地层岩石必须具备一定的透水性,只有当岩溶水能透过岩石孔隙产生流动或渗透,岩溶作用才能得以进行。

综上所述,苏北地区具备岩溶作用产生的一切条件,是可以进行岩溶研究的区域。

如果用 TCRM 进行图像分析法的算法迭代,一定要有对比实验设计,得到和图像分析法同一指标的研究结果,才能和图像分析法的结果进行对比。本书图像分析法得到的是岩溶发育速度,也应该用 TCRM 得到岩溶发育速度才能进行对比。需要注意的是,为避免碳酸盐岩中岩溶作用不明显的样品干扰与图像分析法结果的对比,请按照上文岩石水理性质测试仔细筛选碳酸盐岩样品。

3.1.15　岩溶微生物分析法

在碳酸盐岩图像分析岩溶研究中,有很多现象是需要引入岩溶微生物加以解释的。在碳酸盐岩的偏光显微图像中,有时可以看到破片在磨制加工时没有去除的岩溶水沉积物,这些沉积物的形成都需要引入岩溶微生物加以解释。与此类似,很多苏北碳酸盐岩地区采集的碳酸盐岩样品的单轴抗压强度测试形成的破片表面有苏北地区特有矿物分布,这些苏北地区特有矿物的形成也需要引入岩溶微生物加以解释。苏北碳酸盐岩地区采集的岩溶水和岩溶土壤中发现的岩溶微生物很有特点,结合苏北碳酸盐岩地区碳酸盐岩地层中的特有矿物,形成了与其他碳酸盐岩地区不同的岩溶微生物对碳酸盐岩地层岩溶作用的影响。岩溶微生物的研究分为定性研究与定量研究,而 16S rDNA 技术是很好的碳酸盐岩地区岩溶微生物研究手段。16S rDNA 技术的研究成本,对苏北碳酸盐岩地区的岩溶微生物研究非常合适,比较适合苏北碳酸盐岩地区的大量样本的采样与分析。苏北碳酸盐岩地区的岩溶微生物的定性与定量研究,都可以借助 16S rDNA 技术进行研究。苏北碳酸盐岩地区研究团组中有岩溶微生物学者,也建议其他碳酸盐岩地区进行碳酸盐岩图像分析岩溶研究时引入岩溶微生物学者,从研究团组的人员编制上保证岩溶微生物研究是可行的。

本书希望能有经费在所有岩石样本采集地点附近搜集水样和土样,用 16S rDNA 技术进行岩溶微生物研究。如果土样中有硝化菌、硫化菌之类的微生物存在,岩溶水在经过土壤进入岩溶孔隙时,也会将微生物带入碳酸盐岩地层孔隙中的岩溶水,结合碳酸盐岩地层中的钾钠长石、黄铁矿(这是常见矿物,苏北地区地层中还有些特有矿物)等矿物,会改变水中 H^+ 含量,影响碳酸盐岩地层的孔隙发育过程。因此,笔者想知道这一过程是否是苏北碳酸盐岩地区普遍存在的现象。此外,本书希望测试微生物在短时间内对岩石孔隙的影响是否达到影响岩石试件单轴抗压强度的地步。本书想知道硝化菌、反硝化菌或脱氮硫杆菌等微生物是否也对碳酸盐岩试件的岩溶过程有明显的影响。在基于 TCRM 的岩溶室内模拟研究和图像分析法的对比研究中,有的样本的对比倍率出现异常,但碳酸盐岩的水理性质非常好,应该是微生物的存在影响了岩溶发育速度和孔隙度,进而改变了对比研究的倍率。笔者希望借助 16S rDNA 技术进行岩溶微生物研究,解释这些倍率改变的原因。

从苏北地区的历史研究数据来看,苏北地区岩溶水中确实有反硝化菌、硫化菌存在,不同采样点的岩溶水中反硝化菌、硫化菌数量有很大差别,为了研究苏北地区岩溶微生物对岩溶作用的影响,岩溶水采样分析的数量不能太少。苏北地区的岩溶水在进入碳酸盐岩地层之前,一般会渗透过地表土壤才能进入碳酸盐岩地层,所以苏北地区的地表土壤对岩溶水有重要影响。如果土壤中存在微生物,岩溶水在渗透过地表土壤时,很可能为岩溶水带去持续的微生物补给。

碳酸盐岩地区的岩溶微生物的种群分布,和岩溶水的水温有很大关系。岩溶水的温度太高或太低都不利于碳酸盐岩地层孔隙中的岩溶微生物种群的分布。而岩溶水的水温受到碳酸盐岩地层中岩溶水来源的影响很大,所以碳酸盐岩地区的岩溶微生物种群分布受到岩溶水来源的影响很大。碳酸盐岩地区的碳酸盐岩玻片获得的碳酸盐岩偏光显微图像,如果有煤斑出现,要重点检查硫化菌-反硫化菌的种群存在状况。碳酸盐岩地层中岩溶水中 NH_4^+ 浓度出现异常,要注意检查硝化菌-反硝化菌的种群存在状况。碳酸盐岩地层中岩溶水中 NO_3^-、NO_2^- 浓度出现异常,要注意检查脱氮硫杆菌之类的岩溶微生物的种群存在状况。在碳酸盐岩地区地表覆盖的岩溶土壤下如果有碳酸盐岩孔隙度比较高的碳酸盐岩地层分布,要注意岩溶水经过岩溶土壤进入碳酸盐岩地层深部孔隙的可能性,这个过程可能会影响碳酸盐岩地层深部的岩溶作用。岩溶微生物和碳酸盐岩地层中的岩溶作用的关系很复杂,在苏北碳酸盐岩地区采集的岩溶水和岩溶土壤的样品中,用 16S rDNA 技术检查出来的岩溶微生物种类很多,除了硝化菌-反硝化菌、硫化菌-反硫化菌和脱氮硫杆菌等岩溶微生物,其他岩溶微生物对苏北碳酸盐岩地区岩溶作用的影响也不能忽视,需要深入研究其对岩溶作用的影响。

3.1.16　苏北碳酸盐岩地区碳酸盐岩样本的致密性测试验证

碳酸盐岩地区采集的碳酸盐岩样本都会进行碳酸盐岩样本的致密性测试。碳酸盐岩样本的致密性会严重影响碳酸盐岩的岩溶发育过程。碳酸盐岩样本的致密性一般和碳酸盐岩样本采集地点所在的碳酸盐岩地层有很大的关系。在苏北碳酸盐岩地区,一般比较纯净的碳酸盐岩地层的碳酸盐岩样本的致密性比较高,在其他地质年代采集的碳酸盐岩样本往往目视就可以发现混杂有其他杂质,这些杂质往往会严重影响碳酸盐岩样本的致密性。如果碳酸盐岩样本的致密性较高,则碳酸盐岩的孔隙扩张难度也会比较大,这样碳酸盐岩样本中岩溶水在碳酸盐岩孔隙中与碳酸盐岩接触的固-液接触面也难以增加,则碳酸盐岩样本中的岩溶发育速度也会受到影响。碳酸盐岩图像分析岩溶研究是新兴的碳酸盐岩研究技术,最好使用岩溶发育比较明显且比较纯净的碳酸盐岩样本作为研究用样本。这个要求在苏北碳酸盐岩地区可能是两难的,比较纯净的碳酸盐岩样本致密性较高但岩溶发育速度不理想;不太纯净的碳酸盐岩样本致密性较差但岩溶发育速度可能比较理想。这个两难的现象则要求在苏北碳酸盐岩地区图像分析岩溶研究中,要根据地层的不同对碳酸盐岩样本的致密性进行判断,以此为依据对碳酸盐岩样本做出取舍。

3.1.17　苏北碳酸盐岩地区气候变化研究验证

碳酸盐岩地区的岩溶发育速度,应该和气候变化是相关的。碳酸盐岩的孔隙度,在气候湿热的地质年代应该是较大的;在气候干冷的地质年代应该是较小的。在这一前提下,可以对苏北碳酸盐岩地区图像分析岩溶研究的结果进行判断验证。如果苏北碳酸盐岩地区图像分析岩溶研究使用的碳酸盐岩玻片的采集地层所在的地质年代是气候湿热的年代，而图像分析岩溶研究的孔隙度结果值和岩溶发育速度值比其他气候干冷的地层中的碳酸盐岩样品的孔隙度值和岩溶发育速度值小，说明对待用图像分析岩溶研究获得的碳酸盐岩孔隙度值和岩溶发育速度值要慎重，仔细分析为什么在气候湿热的地质年代碳酸盐岩的孔隙度值和岩溶发育速度值反而小。如果碳酸盐岩图像分析岩溶研究的结果得到 TCRM 历史研究数据或室内模拟研究的数据支持，则需要深入分析该地层碳酸盐岩样品孔隙度和岩溶发育速度值小的原因。此时最好对比不同地层的单轴抗压强度的测试值，看是否由于该地层碳酸盐岩单轴抗压强度较高，说明碳酸盐岩的致密性比其他碳酸盐岩地层高，从而导致利用图像分析岩溶研究得到的碳酸盐岩孔隙度和岩溶发育速度比其他地层小。如果不同碳酸盐岩地层的单轴抗压强度对比不能说明差异产生的原因，则要仔细分析这种碳酸盐岩孔隙度和岩溶发育速度值反常的原因。

碳酸盐岩地区的气候变化研究手段很多，比如，石笋就是很常见的碳酸盐岩地区气候变化研究手段，重庆及其邻近地区也可以发现很多借助其他研究手段进行碳酸盐岩地区气候变化研究论文。苏北碳酸盐岩地区的岩溶研究是以碳酸盐岩样品的孔隙度和岩溶发育速度为主要研究目标，碳酸盐岩地区的气候变化不是苏北碳酸盐岩地区岩溶研究的主要内容。但苏北碳酸盐岩地区的气候变化曲线是很好的苏北碳酸盐岩地区碳酸盐岩图像分析岩溶研究得到的碳酸盐岩孔隙度和岩溶发育速度是否准确的重要对比判定依据。不同地层采集的碳酸盐岩样本（主要是根据地层的地史年龄）有着明确的地质年代，碳酸盐岩的孔隙度和岩溶发育速度是很好的碳酸盐岩地层所处地质年代气候变化记录。不同碳酸盐岩地层的碳酸盐岩样品通过碳酸盐岩图像分析岩溶研究得到的碳酸盐岩孔隙度和岩溶发育速度，按碳酸盐岩地层所处的地质年代排序后，按碳酸盐岩的孔隙度和岩溶发育速度得到的曲线，是可以反映碳酸盐岩地区的气候变化趋势的，而且用碳酸盐岩的孔隙度和岩溶发育速度得到的气候变化曲线的变化趋势应该是一致的，因为这二者反映的是同一地区的气候变化趋势。

3.2　技术路线

　　总体而言,本书采用的技术路线是对比实验法,即用 TCRM 历史研究中的数据,作为图像分析法算法迭代的目标值,得到正确的图像分析法岩溶研究中适用的图像处理算法,再用正确的图像处理算法构建有穷自动机,从而得到正确的图像分析法岩溶研究模型,进而得到用图像分析法进行岩溶研究得到的岩溶指标。这个过程由于苏北岩溶研究使用的是历史研究数据,因此是先进行历史研究数据查找。而其他地区如果数据不齐全,应该首先进行 TCRM 岩溶研究,获得足够数据后再进行图像分析法的研究。这个过程十分重要,研究顺序不能颠倒。在图像分析岩溶研究和 TCRM 研究结束后,再进行研究结果的比对,判定研究是否可靠,计算图像分析岩溶研究的准确率。

3.2.1　碳酸盐岩地区的岩石样本采集

　　苏北碳酸盐岩地区高程起伏相对西南地区而言不大,在进行碳酸盐岩样本采集时,采样地的高程变化可能没有明显变化,这并不影响苏北碳酸盐岩地区的碳酸盐岩样本的采样。苏北碳酸盐岩地区人类活动分布差异比较大,目前采集的岩石样本多在人类活动区,将来在采集碳酸盐岩样本时,应该尽量向人类活动比较少的地区延伸。碳酸盐岩采集地一旦确定,尽可能地进行长时间的岩溶观测,不要轻易放弃采样点。碳酸盐岩图像分析岩溶研究比较看重研究历史,新增采样点要经过比较长时间的观测才能应用碳酸盐岩图像分析岩溶研究,所以妥善地利用原有采样点非常重要。苏北碳酸盐岩地区的碳酸盐岩纯度和溶解度变化较大,应该优先选择碳酸盐岩纯度较高的岩石样本作为碳酸盐岩图像分析岩溶研究的岩石样本。在苏北碳酸盐岩地区采集的碳酸盐岩样本有时附着植物根系,这些附着植物根系的碳酸盐岩样本不太适合作为碳酸盐岩图像分析岩溶研究的样本,因为不清楚植物的生物酸对岩溶作用的影响。苏北地区采集的碳酸盐岩样本尽量不要采集埋藏于泥土中的,岩溶土壤与碳酸盐岩之间的岩溶作用是非常复杂的,不适合作为碳酸盐岩图像分析岩溶研究的岩石样本。实际采集碳酸盐岩样本时,优先考虑裸地。苏北地区碳酸盐岩样品的采集有时是在工地附近采集,在进行碳酸盐岩图像分析岩溶研究时,必须注意碳酸盐岩采集地点对采集人员的安全性,加强采集人员的安全意识只是辅助手段,重要的是应该优先选择那些比较安全采集时没有风险的碳酸盐岩采集点,这样才能尽可能地避免安全事故。

　　苏北碳酸盐岩地区岩溶土壤样本的搜集,劳动强度不大。如果连岩溶土壤样本的搜集都觉得很辛苦,则需要加强科研态度的学习了。苏北碳酸盐岩地区岩溶水样本的搜集,主要的困难是携带水样长途行进,随着研究的进展,需要的岩溶水样本越来越多。一般苏北碳酸盐岩地区的岩溶水与岩溶土壤样本的采集是同时进行的,在进行岩溶水和岩溶土壤样本的采集前,应先仔细规划好路线,对预计采集的岩溶水样品量有适当的预估,采样人员初步以男性负重 5～15 kg 为宜(研究团组的教师长途步行负重量不能参考军事单位安排的负重量,还要留下给研究人员使用的食品等装备的重量)。由于苏北碳酸盐岩地区进行碳酸盐岩样本采集时,步行距离一般不短,多数都比岩溶水和岩溶土壤采样时步行距离长。因此在碳酸盐岩样本采样前,要严格控制采样人员出发时的单人负重。

　　碳酸盐岩地区的研究样本,如碳酸盐岩样本、岩溶水和岩溶土壤样本,都是碳酸盐岩图像分析岩溶研究中经常使用的样本。这些样本都应该尽可能快地运回所在研究机构。这些样本性质不同,对运输阶段的要求也不同。为保证采集样本的可靠,所有样本在运输携带途中要尽可能使用干冰盒等保存设备。在携带样本返回时,要做好干冰盒等外包装破损造成的突发事件的处置预案,对应运输中的各阶段场景,如在公交车上、客运站进站处等场景,让采集人员在处理预案时不至于不知所措。要做好万一公共交通运输部门不许可携带岩溶水样本进入公共交通工具时的预案,比如寻找车站附近的物流企业运回所在研究机构,避免碰到类似情况不知如何处理。

3.2.2　TCRM 历史研究数据整理

苏北碳酸盐岩地区进行了比较长时间的岩溶研究,积累了比较丰富的历史岩溶研究数据,是苏北碳酸盐岩地区图像分析岩溶研究的重要基础。在进行苏北碳酸盐岩地区的 TCRM 历史研究数据整理时,必须注意尽可能地参照科研 ERP 的基础库建库原则进行数据整理,要注意历史研究数据中的关联性研究,为关系型数据库的建设做好准备。在和碳酸盐岩图像分析岩溶研究的数据进行对比时,要注意检查 TCRM 历史研究数据的历史关联性,相同碳酸盐岩地层和接近地层的历史研究数据要特别重视。对和碳酸盐岩图像分析岩溶研究的数据有比较大出入的 TCRM 历史研究数据一定要注意分析差异原因,对类似地层或邻近地层有无类似现象要重点分析,并寻求解决两种方法差异的办法。在 TCRM 历史研究数据中,有时相同地层的碳酸盐岩岩溶数据会有比较大的出入,此时要仔细分析差异形成的原因,采信合适的历史研究数据。如果历史研究数据的差异可以找到地质背景原因,就意味着这种差异的形成是可以得到地学解释的,是比较理想的情况。如果历史研究数据的差异找不到地质背景原因,就意味着这种差异的形成是不可以得到地学解释的,对这些历史研究数据的使用要慎重。如果一定要使用这些数据,要按照固定的原则进行数据筛选,不能按照哪个数据接近图像分析岩溶研究的数据就用哪个数据,这是历史研究数据使用中的基本原则。对苏北碳酸盐岩地区的 TCRM 历史研究数据要重视数据挖掘工作,有时对 TCRM 历史研究数据的整理会得到意想不到的收获,极大地促进碳酸盐岩图像分析岩溶研究。对苏北碳酸盐岩地区的 TCRM 历史研究数据进行数据挖掘时,要注意结合信息技术的最新进展,尽可能地配合苏北碳酸盐岩地区科研 ERP 的建设,以逐代迭代的方式,逐步实现苏北碳酸盐岩地区科研 ERP 对 TCRM 历史研究数据的数据挖掘。从目前掌握的情况来看,苏北碳酸盐岩地区关联碳酸盐岩地层的 TCRM 历史研究数据,很可能比较适合用机器学习的方式进行数据挖掘。由于机器学习方式进行的数据挖掘经常有程序开发者都预料不到的运行结果,所以必须重视对苏北碳酸盐岩地区 TCRM 历史研究数据以机器学习方式进行的数据挖掘。TCRM 历史研究数据也比较适合采用目前广泛使用的大数据技术,本院现有大数据研究中心,拟以苏北碳酸盐岩地区科研 ERP 的方式进行与大数据研究中心的合作研究。在 TCRM 历史研究数据中,有一部分是不适合公开发表的,这部分内容在碳酸盐图像分析岩溶研究中可以使用但不应该公开发表。笔者希望苏北碳酸盐岩地区的 TCRM 历史研究数据能得到妥善的使用。

3.2.3　碳酸盐岩玻片的磨制与初选

在苏北碳酸盐岩地区进行碳酸盐岩图像分析岩溶研究,一定要使用碳酸盐岩玻片。在苏北碳酸盐岩地区的 TCRM 研究历史中,有很多原本是为了鉴定碳酸盐岩的纯度和岩性的玻片。这些玻片中岩石薄片的厚度一般都是纳米级的,是很好的碳酸盐岩偏光显微图像的获得来源。碳酸盐岩玻片在磨制过程中,应尽可能做到厚薄均匀,中间没有裂缝孔洞,这样才能不干扰碳酸盐岩偏光显微图像的采集。碳酸盐岩玻片磨制完成后,应该能够通过对光检查,即将碳酸盐岩玻片对光后,使用铅笔在碳酸盐岩玻片后晃动,如果能透过碳酸盐岩玻片看到铅笔的光影晃动即为合格。碳酸盐岩玻片应该尽可能选择理想的、纯度较高的碳酸盐岩进行磨制加工,避免采用易碎的、含有杂质的碳酸盐岩样品进行磨制。碳酸盐岩玻片加工时要注意仔细选择加工磨制的设备,尽可能减少碳酸盐岩玻片表面的磨制痕迹,以免影响碳酸盐岩偏光显微图像的采集。碳酸盐岩的玻片应该尽量选择碳酸盐岩样本的内部岩块来进行加工,尽量剥离碳酸盐岩样本表面的土壤、根系等残留物。碳酸盐岩玻片的碳酸盐岩玻片的形状应该尽可能类似,推荐为矩形或圆形。在碳酸盐岩玻片的加工过程中磨制人员应该戴手套,避免在碳酸盐岩玻片的表面留下指纹或油污。碳酸盐岩玻片的保存,应尽量使用玻片片架,这样才能保证玻片不会因为相互堆叠而变形,玻片上的胶水也不会相互污染。

　　碳酸盐岩图像分析岩溶研究是新出现的岩溶研究技术,相关研究先例不多,所以在碳酸盐岩图像分析岩溶研究中,应该尽可能使用岩溶作用比较典型的碳酸盐岩样本制作的碳酸盐岩玻片,作为碳酸盐岩偏光显微图像的获得来源。这样才能避免不纯净的碳酸盐岩样本导致岩溶作用不典型,从而影响碳酸盐岩图像分析岩溶研究的目标逼近与算法迭代。在碳酸盐岩的玻片磨制加工中,发现碳酸盐岩薄片有其他杂质的,可以继续磨制加工,但磨制加工形成的碳酸盐岩玻片只能用于岩性分析,不能将其混入为碳酸盐岩图像分析岩溶研究而磨制加工的碳酸盐岩玻片中。碳酸盐岩样品在加工成碳酸盐岩玻片的过程中,一定会使用各种胶水。要注意胶水的购买来源,确保质量可靠,并在玻片加工中尽可能使用同型号的胶水。在玻片加工中使用胶水时,要注意磨制加工人员的个人清洁防护。有的胶水是有毒的,为防止事故,使用玻片后不经过洗消防护不得进食食品,特别是在碳酸盐岩偏光显微图像的采集阶段,严禁研究团组成员携带食品进入。

3.2.4　碳酸盐岩偏光显微图像的获得与筛选

　　苏北碳酸盐岩地区的碳酸盐岩岩石图像主要通过偏光显微镜使用碳酸盐岩玻片而获得。在苏北碳酸盐岩地区也尝试过使用其他岩石图像采集设备如电镜,使用的效果是非常好的。但有已经毕业的研究生提出他们所在的学校没有类似的岩石图像采集设备。在实际的应用中,很多高校的实验室都有偏光显微镜,这也是为什么选择偏光显微镜作为苏北碳酸盐岩地区碳酸盐岩玻片的岩石图像采集设备的原因。使用偏光显微镜作为碳酸盐岩玻片的岩石图像采集设备,要注意偏光显微镜实际采集的玻片区域,应该不到一颗米粒大小,所以在岩石图像采集时要注意采集图像的比例尺,采集时应该同时采集含比例尺图像和不含比例尺图像。不含比例尺其他同行无法知道岩石图像的实际大小;在进行图像分析时不能使用比例尺,以免干扰图像分析。碳酸盐岩岩石图像的采集位置要注意尽量采集玻片中心点的图像,一般而言,在碳酸盐岩玻片采集岩石图像前,应该将碳酸盐岩玻片对光看一看,碳酸盐岩玻片中的岩石玻片是否有明显差异。如果碳酸盐岩玻片的对光观测结果比较正常,没有明显的岩性差异,则采集碳酸盐岩玻片的中心点岩石图像就可以了。如果碳酸盐岩玻片的对光观测结果异常,有明显的岩性差异,则要加大碳酸盐岩玻片的采集密度,推荐使用九宫格方式采集碳酸盐岩玻片的岩石图像。用偏光显微镜采集的碳酸盐岩岩石图像建议以 JPG 或 PDF 方式保存,不建议保存为 GIF 等格式。偏光显微镜采集的碳酸盐岩玻片的原始图像建议使用 Photoshop 等商业图像软件进行浏览筛选。苏北碳酸盐岩地区岩石图像的筛选原则是岩石图像中不能有水痕、磨制加工中形成的刮擦痕迹和指纹与油迹等。碳酸盐岩玻片采集的岩石图像的岩性应该尽可能一致,对于在碳酸盐岩玻片中发现岩石岩性不纯的碳酸盐岩玻片,不能用于碳酸盐岩图像分析岩溶研究。在碳酸盐岩玻片岩石图像采集中,要注意地层的对比分析,所采集的碳酸盐岩玻片应该尽可能覆盖苏北碳酸盐岩地区的主要地层,在经费不足时应该至少覆盖苏北碳酸盐岩地区的重要地层和典型地层。在将来经费问题解决时,注意采集的碳酸盐岩样本的数量不能太少,应基本覆盖苏北地区主要的碳酸盐岩地层。当相同采样点有相同地层样本时,可以根据经费进行判断,适当地清除重复的相同碳酸盐岩地层的玻片,以便提高经费的使用效率和研究的时间效率。从根本上来说,不推荐不经筛选就将全部玻片采集的碳酸盐岩岩石图像进行图像分析岩溶研究。

苏北碳酸盐岩地区使用碳酸盐岩玻片获得的碳酸盐岩偏光显微图像要注意进行偏光显微镜设置筛选。所有苏北碳酸盐岩地区使用碳酸盐岩玻片获得的碳酸盐岩偏光显微图像在图像获取时的偏光显微镜设置应该尽可能一致。出于种种原因,在使用偏光显微镜通过碳酸盐岩玻片获取碳酸盐岩偏光显微图像时,如果偏光显微镜的设置不一致导致碳酸盐岩的偏光显微图像和其他图像由明显的目视可以发现的区别,则不能将其用于碳酸盐岩的图像分析岩溶研究,但它可以用于碳酸盐岩的岩性分析。在保存碳酸盐岩偏光显微图像时,不能将其混入用于碳酸盐岩图像分析岩溶研究的文件夹。碳酸盐岩偏光显微图像在获取时由于采用的是相同的偏光显微镜设置,所获得的碳酸盐岩的偏光显微图像的文件大小应该是接近的。如果有碳酸盐岩原始偏光显微图像的文件大小明显大于或小于其他碳酸盐岩偏光显微图像的文件大小,说明该碳酸盐岩偏光显微图像在使用偏光显微镜获取时偏光显微镜的设置一定和其他碳酸盐岩偏光显微图像是不同的,这是非常重要的碳酸盐岩偏光显微图像获取时偏光显微镜设置的检验办法。由于文件大小不同,说明构成碳酸盐岩偏光显微图像的 RGB 像素点密度也是不同的,所以这些与众不同的碳酸盐岩偏光显微图像不能用于碳酸盐岩的图像分析岩溶研究。

3.2.5　碳酸盐岩偏光显微图像的预处理及保存

苏北碳酸盐岩地区使用碳酸盐岩玻片借助偏光显微镜获得的碳酸盐岩岩石图像出于图像获得设备的原因,只能保存为 JPG 或 PDF 格式。这些 JPG 格式的碳酸盐岩岩石图像不能直接被 Visual Studio 的图像控件调用,碰到这种情况只要将偏光显微镜获得的碳酸盐岩岩石图像用 Photoshop 打开后另存为异名 JPEG 文件就可以了(注意不要直接保存覆盖原始图像,原始图像被覆盖应该视为事故)。另存后的新 JPEG 文件和偏光显微镜获得的碳酸盐岩玻片的 JPG 文件除了文件生成时间不一样,文件的属性信息也不一样。如果偏光显微镜用碳酸盐岩玻片获得的岩石原始图像被覆盖,备份文件中又没有备份数据,那么只能重新找出对应的碳酸盐岩玻片进行原始图像获取。实际上,在日常科研生产中,应该提前教育科研生产的参与者如研究生以及高年级本科生,做好科研中应注意的事项,避免出现原始图像被覆盖的低级错误(这种低级错误纠正起来工作量不小)。在使用碳酸盐岩玻片获得岩石图像后,应该按照统一的命名规则,将其放入按同一保存规则设定的文件夹下,并做好数据文件的备份。在条件许可时,应该将研究中使用的图像数据文件放入内网服务器,服务器上要做好硬盘阵列设置,确保数据文件的安全。在 PC 上保存数据时,建议使用硬盘阵列盒,以硬盘镜像的方式确保数据安全。研究使用的带存储功能的固定资产如 PC、硬盘阵列盒报废时,要注意拆下硬盘,走特定报废渠道报废,不能简单地格式化后报废。在使用 Visual Studio 的图像控件调用碳酸盐岩岩石图像时,最好先利用简单的循环代码遍历碳酸盐岩岩石图像的像素点点阵,仔细分析该碳酸盐岩岩石图像 RGB 值的大致分布区间,判定是否适合当前有穷自动机。如果碳酸盐岩岩石图像的 RGB 值分布区间和预期有比较大的差异,研究生应该向教师请示下一步的操作建议。在使用 Visual Studio 的图像控件调用碳酸盐岩岩石图像时,要注意打开图像控件的自动缩放属性和拉伸属性,确保在使用 Visual Studio 的图像控件调用碳酸盐岩岩石图像时调用的是岩石图像的全部像素点。

3.2.6 碳酸盐岩偏光显微图像二值化算法的筛选

利用苏北碳酸盐岩地区碳酸盐岩玻片获得的碳酸盐岩偏光显微图像进行碳酸盐岩孔隙度研究,需要选择合适的碳酸盐岩岩石图像处理算法。在图像分析岩溶研究中,一般先将碳酸盐岩岩石图像转换为黑白二值图像,然后以计算代表碳酸盐岩孔隙的像素点个数占总像素点数的百分比的方式得到碳酸盐岩的孔隙度。以这种方式计算碳酸盐岩孔隙度,必须准确地进行碳酸盐岩岩石图像的黑白二值化处理,所以必须先找到碳酸盐岩岩石图像的黑白二值化算法。常见的黑白二值化算法很多,有直接对像素点 RGB 值进行二值化的,也有针对像素点颜色值进行黑白二值化的,还有针对像素点的灰度值进行黑白二值化的。具体选用哪种方式的黑白二值化算法,要根据碳酸盐岩岩石图像的像素点点阵分布情况决定。碳酸盐岩岩石图像黑白二值化处理使用的黑白二值化阈值,需要通过算法得到。这个黑白二值化阈值应该是通过算法推导得到的,而不能随机取值。本书使用碳酸盐岩图像分析有穷自动机生成黑白二值化处理的二值化阈值。当黑白二值化阈值处理的结果明显是错的或和 TCRM 历史研究结果有较大出入时,可以调整黑白二值化阈值。但这黑白二值化阈值必须通过算法的调整而进行调整,不能通过随机调整的方式实现。本书中的碳酸盐岩岩石图像处理的黑白二值化阈值是通过有穷自动机获得的,但这不意味着在碳酸盐岩岩石图像处理中只能通过有穷自动机获得黑白二值化阈值。在构建碳酸盐岩黑白二值化算法时,应该仔细检索苏北碳酸盐岩地区的碳酸盐岩的 TCRM 历史研究数据,以苏北碳酸盐岩地区的 TCRM 历史研究数据作为算法迭代的目标值,首先确定碳酸盐岩黑白二值化算法的大类,然后逐步以迭代的方式实现碳酸盐岩黑白二值化处理算法的算法迭代。如果碳酸盐岩黑白二值化算法的研究结果和 TCRM 的历史研究结果有很大出入,则应该在算法大类不做调整的前提下,以算子推导的方式更新黑白二值化算法,再将黑白二值化算法的结果和 TCRM 历史研究数据对比,如果两种研究方法的结果出入不大,说明碳酸盐岩的黑白二值化算法是准确的;如果两种研究方法的结果出入很大,则重复以上操作。在对碳酸盐岩岩石图像进行黑白二值化操作时,也要注意黑白二值化算法到底是适用在碳酸盐岩图像像素点的 RGB 值上,还是适用在灰度值上,甚至是适用在颜色值上。在实际的科研生产中,最后对碳酸盐岩岩石图像在 RGB 值、灰度值和颜色值上都适用黑白二值化算法,他们的结果在定量研究上一般都会有出入,但在定性研究(碳酸盐岩的孔隙度是大是小)上一般都是一致的,不一致时要仔细分析原因。

3.2.7　碳酸盐岩偏光显微图像的阈值二值化处理（孔隙度计算）

苏北碳酸盐岩地区的碳酸盐岩岩石图像的黑白二值化处理,是借助黑白二值化阈值实现的。碳酸盐岩的孔隙度的获取是先将碳酸盐岩岩石图像用指定的黑白二值化阈值将碳酸盐岩岩石图像区分为黑白二色,白色代表非碳酸盐岩孔隙像素点,黑色代表碳酸盐岩孔隙像素点。由于碳酸盐岩岩石图像的总像素点比较好获得(即碳酸盐岩岩石图像像素点点阵的行数与列数的相乘值),只需要将碳酸盐岩岩石图像的黑色像素点个数除以总像素点个数,就可以得到碳酸盐岩的孔隙度值。这个计算过程可以得到地学解释,可信度是比较高的。如果同一采样地层的碳酸盐岩岩石图像的孔隙度发生变化,将孔隙度差换算成实际碳酸盐岩岩石试件的高度差,就可以得到该碳酸盐岩地层的岩溶发育速度。而碳酸盐岩地层的岩溶发育速度对碳酸盐岩地层的岩溶研究非常重要。苏北碳酸盐岩地区进行了较长时间碳酸盐岩的 TCRM 研究,用图像分析法得到的岩溶发育速度和碳酸盐岩孔隙度,可以通过和 TCRM 历史研究数据的值对比来修正黑白二值化阈值,实现黑白二值化算法的迭代,因此,本书进行碳酸盐岩岩石图像的黑白二值化处理是有明确的正确值参考下的研究,而不是用未知去证明未知的简单图像分析研究。碳酸盐岩岩石图像的黑白二值化阈值处理选择 RGB 值、灰度值或颜色值,必须仔细分析碳酸盐岩图像的像素点矩阵的 RGB 值、灰度值或颜色值。一般而言,苏北碳酸盐岩地区采集的碳酸盐岩样本制作的碳酸盐岩玻片获得的碳酸盐岩岩石图像,比较适合用 RGB 值或灰度值进行黑白二值化阈值处理,不太适合将颜色值进行黑白二值化阈值处理。即苏北碳酸盐岩地区采集的碳酸盐岩样本制作的碳酸盐岩玻片获得碳酸盐岩岩石图像,要重点进行碳酸盐岩岩石图像的 RGB 值和灰度值的图像像素点点阵分析。在对碳酸盐岩的岩石图像进行黑白二值化阈值处理操作后,对黑色像素点个数的统计可以用扣减法和遍历法两种方法实现。扣减法是用总像素数减去白色像素点的个数获得黑色像素点的个数。遍历法是利用横向和纵向的双循环,将黑白二值图像中的所有黑色像素点全部遍历一次,以此获得黑色像素点的个数。在苏北碳酸盐岩地区的碳酸盐岩岩石图像分析岩溶研究中,建议使用遍历法获得黑色像素点的个数。这样做不容易出错,直接获得黑色像素点的个数,代码编程的效率比扣减法更高。更重要的是,遍历法比扣减法对程序员更友好,是非常值得推广的黑白二值化阈值处理的编程实现方式。

3.2.8　碳酸盐岩图像分析法获得的孔隙度与 TCRM 孔隙度的对比

　　苏北碳酸盐岩地区积累的碳酸盐岩 TCRM 历史研究数据是良好的图像分析法获得的孔隙度的对比目标值,在碳酸盐岩的 TCRM 历史研究数据和图像分析法获得的孔隙度出现出入时,一般认为碳酸盐岩的 TCRM 历史研究数据是准确的。与碳酸盐岩的 TCRM 历史研究数据不一致的图像分析算法特别是黑白二值化阈值处理的阈值,都需要以碳酸盐岩的 TCRM 历史研究数据为目标值进行对比迭代。只有一种情况可以不采信碳酸盐岩的 TCRM 历史研究数据,即碳酸盐岩的 TCRM 历史研究数据本身有明显出入。此时要先分析碳酸盐岩的 TCRM 历史研究数据产生出入的原因,在此基础上才能进行碳酸盐岩图像分析算法或黑白二值化阈值的对比迭代。如果找不到碳酸盐岩的 TCRM 历史研究数据产生出入的原因,就必须将有出入的碳酸盐岩的 TCRM 历史数据剔除。不能拿未知去证明未知,所以有争议的 TCRM 历史研究数据都不能作为对比研究的基础。在进行碳酸盐岩图像分析法获得的孔隙度与 TCRM 孔隙度的对比研究时,必须注意逐步逼近的方式,即首先将碳酸盐岩图像分析法获得的岩石孔隙度的值,置入碳酸盐岩的 TCRM 历史研究数据中,二者之间的差异应该控制在 50% 以下,然后逐步修正黑白二值化处理的阈值,将二者之间的差异逐步控制在 20% ~30% ,这个过程必须反复进行算法迭代和阈值筛选。如果二者之间的差异值非常大,甚至不是一个数量级,此时建议调整实际使用的 RGB 值或灰度值。比如原本使用的是 G 值,可以换灰度值试试,以此类推。如果调整 RGB 值或灰度值不能缩小二者之间的差异,说明碳酸盐岩岩石图像分析使用的大类算法有改进的余地。只有将二者的差异降到 50% 左右,才能说明碳酸盐岩岩石图像分析的大类算法是合适的。对大类算法的调整,是碳酸盐岩图像分析研究中最后采取的办法,意味着其他办法不能解决当前问题,也意味着前期的碳酸盐岩岩石图像的像素点点阵分析是失败的。在对碳酸盐岩岩石图像分析的大类算法进行调整时,要仔细对比碳酸盐岩的 TCRM 历史研究数据和图像分析法的值之间差异的区间分布,仔细分析二者结果产生差异的原因。在此基础上仔细用横向和纵向的双循环遍历碳酸盐岩图像的像素点点阵,仔细统计像素点点阵的分布规律,在此基础上适用可能的大类算法,预估像素点点阵经过大类算法的分布区间,以这种方式实现大类算法的优选。在变更大类算法时,尽可能维持大类算法的相似性,避免出现完全相反的大类算法。当碳酸盐岩的 TCRM 历史研究数据和图像分析法得到的数据差异在预期区间内时,要仔细进行算法的算子调整,以 TCRM 历史研究数据为目标值,逼近出合适的算子。

3.2.9　以 TCRM 孔隙度为目标值的碳酸盐岩图像分析法算法迭代

苏北碳酸盐岩地区的碳酸盐岩 TCRM 历史研究数据中最重要的数据是碳酸盐岩的岩石孔隙度数据。这是因为碳酸盐岩的岩石孔隙度是最容易用碳酸盐岩玻片获得的碳酸盐岩岩石图像进行黑白二值化处理的方式获得。而碳酸盐岩的岩石孔隙度可以使用 TCRM 很容易地获得(不同方法工作量强度有差别)。不同时期的碳酸盐岩的孔隙度一般是不一样的,因此,可以用碳酸盐岩的岩石孔隙度换算成碳酸盐岩试件的质量差,进而借助碳酸盐岩试件的密度获得碳酸盐岩的岩溶发育速度。所以在碳酸盐岩的 TCRM 历史研究数据中,岩石孔隙度是最重要、最值得关注的碳酸盐岩数据。在实际研究中,用碳酸盐岩的 TCRM 和碳酸盐岩岩石图像分析法获得的碳酸盐岩孔隙度有时会有一些差异。碳酸盐岩用 TCRM 获得的岩石孔隙度的可靠性是比较高的,可以作为图像分析法孔隙度的目标迭代值。在以 TCRM 获得的岩石孔隙度作为碳酸盐岩的孔隙度目标迭代值时,首先要检查 TCRM 历史研究数据中相同采样点的碳酸盐岩岩石孔隙度变化的倍率是否接近,正常情况下,岩溶环境在不受人类活动影响的前提下,在几十年时间尺度上碳酸盐岩的孔隙度变化倍率是稳定的。所以 TCRM 历史研究数据中必须剔除碳酸盐岩的孔隙度变化倍率不稳定的数据。同一地区不同时间点采集的碳酸盐岩样本制作的碳酸盐岩玻片,获得的同一地层碳酸盐岩岩石图像的孔隙度变化倍率也应该是稳定的。如果同一地层碳酸盐岩岩石图像的孔隙度变化倍率有比较明显的差异,而碳酸盐岩的 TCRM 历史研究数据中没有类似的孔隙度变化倍率差异,则要重点检查碳酸盐岩玻片在磨制加工过程中是否有未按照规定加工的人为失误;如果碳酸盐岩玻片在加工过程中没有发现人为失误,那么就要检查碳酸盐岩玻片所在地层的地学研究背景是否发生变化。总之,一定要找到同一地层碳酸盐岩岩石图像的孔隙度变化倍率不稳定的原因,才能继续碳酸盐岩图像分析岩溶研究。只有碳酸盐岩岩石图像的孔隙度变化倍率和碳酸盐岩的 TCRM 历史研究数据接近的前提下,才能进行以 TCRM 孔隙度为目标值的图像分析算法的迭代。在苏北碳酸盐岩地区进行的 TCRM 历史数据研究中,碳酸盐岩孔隙度获得的方法有分形法、汽油焚烧法和水浸烘干法等,由于汽油焚烧法难以在实验室重复,所以只保留分形法和水浸烘干法获得的碳酸盐岩孔隙度数据作为图像分析法的算法迭代目标值。在碳酸盐岩岩石图像分析大类算法确定后,要以 TCRM 历史研究数据中的孔隙度数据为目标值,严控算子调整的步长值,以算子逐步逼近的方式,实现碳酸盐岩图像分析算法的算子微调。

3.2.10　苏北碳酸盐岩地区岩溶室内模拟研究

　　苏北碳酸盐岩地区使用图像分析法进行研究的采样点,有时不能在碳酸盐岩的 TCRM 历史研究数据中找到对应的数据记录。这就要求在这些没有 TCRM 历史研究数据的采样点,进行碳酸盐岩的室内模拟研究。进行碳酸盐岩室内模拟研究的目的,是弥补碳酸盐岩的 TCRM 历史研究数据中的不足,为碳酸盐岩图像分析岩溶研究提供算法迭代逼近的目标值。因此,在找不到碳酸盐岩的 TCRM 历史研究数据的采样点时,一定要进行碳酸盐岩样本的室内模拟研究,为碳酸盐岩图像分析岩溶研究提供目标值。为进行碳酸盐岩的室内模拟研究,在采集碳酸盐岩样本时就需要仔细记录采样时的温度、压力条件(一般在岩溶室内模拟研究中使用苏北碳酸盐岩地区历史观测记录的岩溶水水化学指标的平均值作为碳酸盐岩室内模拟研究的水化学指标),尽可能在室内模拟还原采样地点的碳酸盐岩地层的压力与温度环境,为保证在室内模拟岩溶反应的准确性,应该使用一定的装置使模拟岩溶水在压力的作用下以渗透的方式流过碳酸盐岩的孔隙,以此来模拟苏北碳酸盐岩地区岩溶反应的发生。这一碳酸盐岩室内模拟研究应该持续若干时间,利用实验结果来计算 TCRM 需要的各项岩溶指标。按照岩溶发育的原理,碳酸盐岩在一定时间段的岩溶作用后,会发生碳酸盐岩的质量变化。利用变化的质量和碳酸盐岩的密度,可以计算出碳酸盐岩的孔隙度差。由于碳酸盐岩试件底面积不变,所以将同一碳酸盐岩样本采集地点的孔隙度差换算成质量差,结合碳酸盐岩密度得到碳酸盐岩的体积差,结合碳酸盐岩样本固定的底面积,就可以得到当地碳酸盐岩的岩溶发育速度,一般用每千年多少毫米(mm/ka)来表示岩溶发育速度。这个指标很有用,在工程上有很多重要的用途,可以作为衡量碳酸盐岩单轴抗压强度的标准之一。如果当地岩溶发育速度很高,要注意在工程设计阶段做好处理预案。以室内模拟研究方式得到的碳酸盐岩的岩溶发育速度应该有一定的变化,因为在自然条件下碳酸盐岩所处的环境不太可能是恒定的,那么室内模拟研究得到的碳酸盐岩岩溶发育速度的变化倍率,和用图像分析法得到的碳酸盐岩岩溶发育速度的变化倍率,相差不应该太大。如果二者接近,说明二者的吻合度比较好。如果二者的值差得很远,那么要注意仔细分析碳酸盐岩的室内模拟研究是否有需要改进的地方,是否没有很好地反映碳酸盐岩地层所处的地学背景,温度值和压力值是否有调整的余地,这都值得研究者高度重视。

3.2.11　苏北碳酸盐岩地区岩溶发育速度对比研究

由于苏北碳酸盐岩地区的地学背景(地层温度与压力等)有一定差异,增加了研究的难度,但却很好地提供了濒海岩溶研究的环境。苏北碳酸盐岩地区不同地表、地貌的碳酸盐岩采集地点的岩溶发育速度,需要做仔细的对比研究。在濒海不同地貌的地区,岩溶微生物的分布是不一样的,岩溶水中 CO_2 含量也是不一样的,此时要仔细鉴别碳酸盐岩地层的地学背景差异以及其对岩溶作用的影响。在苏北碳酸盐岩地区,人类活动对岩溶作用的影响也是很明显的,所以一定要注意岩溶发育速度的人为因素差异。人为因素影响岩溶发育速度过大的样本只好放弃。在苏北碳酸盐岩地区不同采样点之间的岩溶发育速度对比研究时,一定要注意对比碳酸盐岩所处的压力、岩溶水化学指标与温度这3个最重要的岩溶发育条件之间的差异。当碳酸盐岩样本的压力、岩溶水化学指标与温度有明显差异时,这些样本不应作为对比研究的样本。只有当碳酸盐岩样本的压力、岩溶水化学指标与温度接近时,才能作为对比研究的样本。在进行碳酸盐岩岩溶发育速度对比研究时,还要注意碳酸盐岩样本的纯度应该接近才能比较。如果碳酸盐岩样本看上去有明显差异,则不适合做岩溶发育速度对比研究的样本。在同一采样地点的碳酸盐岩玻片进行岩溶发育速度图像分析对比研究时,需要注意仔细检测玻片的岩石薄片有无异常,如裂缝和水迹,等等。裂缝和水迹容易影响碳酸盐岩岩石图像的获取,所以对碳酸盐岩的对比研究有很大影响。碳酸盐岩在进行图像分析岩溶研究对比研究时,要注意使用图像格式的统一,不同格式的图像必须统一后才能进行对比。碳酸盐岩图像分析法得到的同一采样地点、不同采样时期的碳酸盐岩样本的岩溶发育速度,如果相差很大,一定要注意分析差异产生的原因,不能轻易地忽视差异,特别是在可能进行工程建设的碳酸盐岩地区。一般而言,同一个地点的岩溶发育速度在 10 年时间尺度上应该是接近的,如果在对比研究中发现明细差异,且当地的碳酸盐岩地层没有人为扰动的痕迹,碳酸盐岩玻片目视也没有明显差异,那就要仔细分析差异形成的原因及其对当地碳酸盐岩岩溶作用的影响。在碳酸盐岩试件加工时,请尽量使用相同的加工人员、相同的加工设备按照固定的加工流程进行,以尽可能地减少碳酸盐岩试件加工阶段的人为主观差异。

3.2.12　苏北碳酸盐岩地区岩溶微生物对岩溶作用的影响研究

苏北碳酸盐岩地区的岩溶作用,受岩溶水和岩溶土壤中的岩溶微生物影响很大。碳酸盐岩地层中,有时会混杂一些其他矿物,如钾钠长石、黄铁矿等。这些碳酸盐岩地层中的矿物,会和岩溶水以及岩溶土壤中的微生物发生反应。岩溶水渗透岩溶土壤,循苏北碳酸盐岩地区地层中的多孔缝隙,沿着碳酸盐岩地层孔隙流过碳酸盐岩地层的内部,将碳酸盐岩地层的岩溶作用带入碳酸盐岩地层的内部,而不是仅停留在碳酸盐岩地层的表面,对苏北碳酸盐岩地区的岩溶作用产生重大影响。这些岩溶微生物可能对苏北碳酸盐岩地区地层中的岩石裂隙产生扩张作用,使碳酸盐岩地层中的岩溶作用沿着碳酸盐岩地层中岩石裂隙形成的廊道,深入碳酸盐岩地层的深部。由于岩溶微生物对碳酸盐岩孔隙的大小有扩张作用,所以苏北碳酸盐岩地区的岩石孔隙度有提高的趋势,这会增加碳酸盐岩试件内部的岩石空腔部分,从而严重影响苏北碳酸盐岩地区的碳酸盐岩单轴抗压强度。如果苏北碳酸盐岩地区要进行工程建设,必须重视对苏北碳酸盐岩地区碳酸盐岩单轴抗压强度的研究,重视碳酸盐岩单轴抗压强度在苏北碳酸盐岩地区的分布差异及其对工程建设的影响。岩溶微生物为了维持其自身生存,在新陈代谢中可能影响岩溶水中 H^+ 的含量,从而对碳酸盐岩地层的岩溶作用产生影响。岩溶微生物的代谢产物,与碳酸盐岩地层中的其他矿物发生反应,可能生成 NO_3^-、NO_2^-、SO_4^{2-} 和 SO_3^{2-},从而严重影响岩溶水中 HNO_3、H_2SO_4 等的分布,对苏北碳酸盐岩地区的岩溶作用产生明显的作用。岩溶微生物产生的 SO_4^{2-},与溶解在岩溶水的 Ca^{2+} 反应,有可能生成 $CaSO_4$,这些 $CaSO_4$ 可能在碳酸盐岩的孔隙中沉淀下来,形成碳酸盐岩孔隙中的疏松组织,有可能表现为碳酸盐岩孔隙中的石膏。在苏北碳酸盐岩地区生活的动物的排泄物,经过岩溶土壤进入岩溶水后,可能与岩溶水中的微生物发生反应,从而形成岩溶水 H^+ 的动物来源。在苏北碳酸盐岩地区生活的植物,根系可能沿着岩溶土壤进入碳酸盐岩地层的孔隙,附着在碳酸盐岩孔隙的表面。植物根系分泌的生物酸和岩溶水中的岩溶微生物反应,也会改变岩溶水的酸碱度,从而形成岩溶水 H^+ 的植物来源。在苏北碳酸盐岩地区,当地民众为了渔业饲养的需要,有时会投放硝化菌,当地民众进行农业生产时,会投放含铵肥料进行施肥。这些当地民众的行为都会改变岩溶水中的岩溶微生物含量,形成当地岩溶水 H^+ 的人类活动来源,严重影响苏北碳酸盐岩地区的岩溶作用。

3.3 实验手段

3.3.1 碳酸盐岩图像分析岩溶研究

图像分析法岩溶研究是岩溶信息系统的重要组成部分。利用采集的岩石样本制作玻片和 TCRM 试件,将玻片利用偏光显微镜获得玻片图像,利用 RGB 值或灰度值进行频谱分析,利用算法阈值进行孔隙度识别,将得到的孔隙度取平均值后和实测的 TCRM 孔隙度比较,是比较理想的岩溶研究方法。如前所述,利用图像分析法可以获得碳酸盐岩的孔隙度。不同时期采集的同一地点的碳酸盐岩样本利用图像分析法获得的孔隙度,一定存在着线性比例倍增关系。如果用图像分析法得到的碳酸盐岩孔隙度的线性比例倍增关系是一致的,那么就可以推断苏北碳酸盐岩地区的岩溶发育速度也是符合这一线性比例倍增关系的,只要获得某年的 TCRM 实测的碳酸盐岩岩溶发育速度、孔隙度等指标值,就可以根据图像分析法得到的线性比例倍增关系,推算出当前的碳酸盐岩岩溶发育速度、孔隙度等指标值。这些通过图像分析法得到的线性比例倍增关系获得的碳酸盐岩岩溶发育速度、孔隙度等指标值,不能与用 TCRM 获得的指标值相差太远,否则不易使科研人员接受图像分析法的研究结果。本书在利用图像分析法进行岩溶研究时,采用了有穷自动机作为岩溶算法模型,利用有穷自动机算法映射的有限性,结合马鞍线函数进行图像分析法的算法迭代。在算法迭代的过程中,应该以 TCRM 的研究成果为目标逼近值,以结果逼近的方式实现算法迭代。在算法迭代过程中,务必不能人为加入开源的概率函数。算法迭代应该通过结果逼近来实现,而不是通过统计与概率分析来实现。在图像分析法岩溶研究中,算法的筛选与迭代是重要的体现个人科研能力的工作。年长的科研人员经验丰富,有良好的算法筛选与迭代的经验,当然在苏北碳酸盐岩岩溶研究中是很重要的。但年轻的科研人员如研究生群体,他们年轻,朝气蓬勃,思维活跃,创新性强,是很好的科研群体。他们也许暂时在算法基础能力上还有不足,在实际岩溶信息系统研究中有很多不成熟的表现,但这并不意味着可以轻易地否定他们的意见。对年轻的科研人员应以鼓励为主、批评为辅的教育方式,过于严厉的批评可能会导致这些原本可以在岩溶信息系统科学研究中有大成就的年轻人离开岩溶信息系统科学研究领域。由于受教育的年代不一样,年轻学生提出的算法可能会和目前主流算法有较大的区别,此时不宜轻率地批评学生,应仔细看看学生的提议有无实现的可能。在利用 TCRM 的研究结果进行算法迭代目标逼近时,应该注意算子的设置。同样的算法,不同的算子设置,可能带来完全不同的图像分析法岩溶研究结果。在算法迭代目标逼近时,应该本着由小处入手,尽量避免彻底修改算法的原则。在算法的筛选中,要注意尽量选择有开源代码的算法,最好是有开源的函数或控件的算法。尽量不要在算法的实现中使用代码不开源的控件或 DLL 文件。不开源就难以知道它的数据处理过程,其他研究人员就难以重复。在算法的编程实现中,尽量选择主流的编程语言。以本研究团组为例,GIS 本科段开设的编程语言就是很好的选择。不鼓励使用非主流的编程语言进行算法的实现。算法的编程实现是集体行为,应该是团队所有成员都能使用的编程语言。算法的编程实现也是历史行为,不能随便更换编程语言,否则会导致以前的历史编程代码全部作废而不能使用。高校研究组编程人员变动比较频繁,很难像企业那样保持人员的稳定性;高校研究组编程人员对学校有很大贡献,他们的贡献超过他们得到的津贴,所以在队伍管理上要以正面鼓励为主,不能说他们有补贴就把他们当作程序员管理。对于责任心和能力明显不足的高校研究组成员,要加强引导,使他们到合适的研究组中。在算法的编程实现中也会发现研究生的个人能力差别,对表现明显优异的同学,要加强说服、引导工作,劝说他们读博从事岩溶信息系统的进一步研究。

碳酸盐岩图像分析岩溶研究中得到的碳酸盐岩的孔隙度,是碳酸盐岩图像分析岩溶研究的基础。只有先得到正确的碳酸盐岩的孔隙度,才能以此为依据计算碳酸盐岩的岩溶发育速度。没有通过碳酸盐岩图像分析岩溶研究得到碳酸盐岩可信的孔隙度,就难以得到碳酸盐岩岩溶发育速度的可信值。碳酸盐岩图像分析岩溶研究计算碳酸盐岩的孔隙度,主要是借助有穷自动机控制可能的映射数量为有限值,当有穷自动机的映射数量为有限值时,其计算任务量对多数个人电脑而言都是可以接受的;碳酸盐岩的孔隙度本身,来源于将碳酸盐岩的偏光显微图像通过黑白二值化阈值处理转为黑白二值图像,通过计算黑色像素点总数与碳酸盐岩偏光显微图像的像素点总数的比值而得到。所以通过碳酸盐岩图像分析岩溶研究得到碳酸盐岩的孔隙度,是一个百分比值。但因为碳酸盐岩试件的体积是规则、可测量计算的,所以可以用碳酸盐岩试件的实际体积乘以通过碳酸盐岩图像分析岩溶研究得到的孔隙度,从而得到碳酸盐岩试件的实际孔隙体积,与 TCRM 得到的碳酸盐岩孔隙体积对比,验证碳酸盐岩图像分析岩溶研究得到的孔隙度值是否与 TCRM 得到的碳酸盐岩的孔隙度值接近。因此,碳酸盐岩图像分析岩溶研究是可以重复研究并加以验证的新兴岩溶研究技术。

碳酸盐岩图像分析岩溶研究要注意研究结果的可靠性,碳酸盐岩的孔隙度和岩溶发育速度可以借助 TCRM 岩溶研究成果进行对比研究。同一个采样地点的碳酸盐岩用图像分析岩溶研究得到的不同时期碳酸盐岩样品试件的孔隙度和岩溶发育速度可以得到一个比值,比如,将不同时期采集的同一个碳酸盐岩采集点的图像分析岩溶研究得到的孔隙度的值相除得到一个比值,然后将用 TCRM 得到的同一个碳酸盐岩采样地点的不同时期采集的碳酸盐岩样品试件的孔隙度值相除,得到一个新比值。这两个比值不能差得太远,因为它们是同一碳酸盐岩采样地点采集的碳酸盐岩样品试件的不同研究方法的研究结果,所代表的地学岩溶背景是一致的。如果这两个比值差得太远,又没有办法通过碳酸盐岩偏光显微图像的图像分析目标逼近和算法迭代的方式缩小这一比值差,就不能把当前碳酸盐岩采样地点作为碳酸盐岩图像分析岩溶研究的采样地点。只有这两个比值比较接近的碳酸盐岩采样地点,才可以作为碳酸盐岩图像分析岩溶研究的场地进行碳酸盐岩采集。当然在碳酸盐岩图像分析岩溶研究中,也必须注意碳酸盐岩的孔隙度和岩溶发育速度的值本身和基于 TCRM 得到的碳酸盐岩的孔隙度和岩溶发育速度的值是否接近,即在碳酸盐岩图像分析岩溶研究中,必须同时使用两种研究方法得到碳酸盐岩的孔隙度和岩溶发育速度、孔隙度比值和岩溶发育速度比值等多个指标进行碳酸盐岩图像分析岩溶研究的结果可靠性分析。

使用碳酸盐岩的图像分析岩溶研究获得碳酸盐岩的孔隙度,首先需要进行碳酸盐岩偏光显微图像的 RGB 点阵分析研究。在利用编程工具打开碳酸盐岩的偏光显微图像后,首先应该使用双循环遍历碳酸盐岩偏光显微图像的像素点点阵。在碳酸盐岩图像分析岩溶研究开始前,可以利用双循环将碳酸盐岩偏光显微图像的每一个像素点的 RGB 值取出,放到对应的 RGB 矩阵中,以多元统计分析的方式进行碳酸盐岩偏光显微图像的像素点 RGB 值正态分布分析。凡是用于碳酸盐岩图像分析岩溶研究的碳酸盐岩偏光显微图像,它们的像素点 RGB 值多数都应该是满足正态分布期望的,RGB 值分布异常的像素点的个数不能太多。反映到碳酸盐岩的偏光显微图像上,它们的目视效果不应该有明显的 RGB 值异常,比如出现偏色现象。所有的通过像素点 RGB 值正态分布检验的碳酸盐岩偏光显微图像,都应该做 RGB 除色处理测试。所有碳酸盐岩偏光显微图像在进行 RGB 除色处理测试后,都应该有明显的目视区别,如果 RGB 除色处理前后区别不大的碳酸盐岩偏光显微图像,尽量不要用于碳酸盐岩图像分析岩溶研究。

在通过碳酸盐岩偏光显微图像的除色处理检测后,要进行有穷自动机的映射算法匹配。有穷自动机的算法映射,最终必须得到一个黑白二值化处理的阈值。请注意黑白二值化的阈值必须来源于算法,不能随便在 RGB 值的分布区间中取值。碳酸盐岩的有穷自动机算法映射很多,要根据实际研发目的选择映射。碳酸盐岩图像分析岩溶研究中使用的有穷自动机的映射算法,不仅须考虑碳酸盐岩偏光显微图像的 RGB 值像素点点阵分布特征,也须考虑映射算法得到的值作为黑白二值化处理的阈值在编程实现后的可能结果。碳酸盐岩图像分析岩溶研究中,有穷自动机的算法一经确定,对有穷自动机映射算法推导出的碳酸盐岩偏光显微图像的黑白二值化处理阈值应该有适当的预期,研究团组对使用该黑白二值化处理阈值得到的碳酸盐岩的孔隙度应该有预期值。碳酸盐岩图像分析岩溶研究中的编程代码开发,是这种碳酸盐岩的孔隙度预期验证手段。当碳酸盐岩的偏光显微图像的黑白二值化处理得到的碳酸盐岩孔隙度合乎预期,就应该与基于 TCRM 得到的碳酸盐岩的孔隙度进行对比验证。如果编程得到的碳酸盐岩孔隙度不符合预期,要先检查是否是编程实现中程序员算法理解有误造成的。如果不是程序员的算法理解有误,编程实现的过程是正确的,说明碳酸盐岩图像分析岩溶研究使用的有穷自动机的映射算法还需要进一步迭代修改。

　　碳酸盐岩的偏光显微图像在通过有穷自动机得到黑白二值化阈值处理的阈值后,要检查阈值在碳酸盐岩的偏光显微图像 RGB 像素点点阵中的分布概率,以阈值为期望是否满足碳酸盐岩的偏光显微图像 RGB 像素点的正态分布。碳酸盐岩的偏光显微图像像素点点阵行列数太大时,可以按照相同的规则,从像素点点阵中每隔若干个像素点抽取一个像素点。像素点的抽取可以极大地降低碳酸盐岩的偏光显微图像处理的计算任务量,明显减少对硬件设备的依赖。在进行碳酸盐岩的偏光显微图像的像素点抽取时,要注意响应有穷自动机的映射算法。计算机图形学中常见的像素点点阵抽取算法可以直接在碳酸盐岩图像分析岩溶研究中使用,但要注意碳酸盐岩的偏光显微图像的像素点点阵抽取中,点阵抽取算法不能和有穷自动机的映射算法相冲突。在碳酸盐岩图像分析岩溶研究的编程实现中,像素点点阵的抽取有时是使用开源的函数或控件实现的。在使用这些开源的函数或控件时,要注意检查函数或控件的源代码与碳酸盐岩图像分析岩溶研究中使用的有穷自动机的映射算法是否有矛盾的地方。如果没有,则是理想情况;如果有,则要注意对矛盾处的代码进行改写。

　　碳酸盐岩的偏光显微图像在使用有穷自动机的映射算法(苏北碳酸盐岩地区的有穷自动机已经在 SCI 期刊中发表,这里不再重复)生成黑白二值化阈值处理的阈值后,要注意黑白二值化的阈值处理过程。在编程调用碳酸盐岩的偏光显微图像的像素点点阵时,对黑白二值化阈值的分布区间应该有一定的预判。这个预判就表现为黑白二值如何代表碳酸盐岩玻片的孔隙与非孔隙地区。一般在碳酸盐岩的偏光显微图像的黑白二值化处理中,使用黑色代表碳酸盐玻片的孔隙区。由于碳酸盐岩地区的碳酸盐岩样本试件的孔隙度一般有常见分布区间,那么碳酸盐岩的黑白二值化图像中,如果黑色像素点的个数反常得多,比如,目视黑色像素点所占图像的面积百分比超过一半,说明碳酸盐岩的偏光显微图像适用的黑白二值化阈值的处理是有问题的,要重新进行有穷自动机映射算法的推导,以得到新的碳酸盐岩的偏光显微图像的黑白二值化阈值的处理,当目视黑色像素点所占图像的面积百分比超过 90% 时,则很有可能是碳酸盐岩的偏光显微图像在进行黑白二值化阈值处理时没有设置好黑白二值化的阈值判断逻辑，需要颠倒这个阈值判断逻辑，将原来的白点改为黑点，黑点改为白点。

碳酸盐岩的偏光显微图像在完成黑白二值化阈值处理后，应进行碳酸盐岩玻片的孔隙度计算，即使用双循环统计碳酸盐岩的黑白二值化图像中黑色像素点的个数，除以黑白二值化图像的像素点总数。碳酸盐岩的黑白二值化图像的像素点总数的获得很容易，这里不多做解释。但碳酸盐岩的黑白二值化的黑色像素点统计，则需要进行碳酸盐岩黑白二值化图像的形态学处理，用碳酸盐岩的黑白二值化图像的腐蚀与膨胀进行计算。这是为了在碳酸盐岩图像分析岩溶研究中进一步明确碳酸盐岩偏光显微图像中代表孔隙的像素点集合的边界，以利于准确地统计碳酸盐岩黑白二值化图像中代表碳酸盐岩孔隙的黑色像素点的总数。在对碳酸盐岩的黑白二值化阈值图像进行图像腐蚀或图像膨胀操作后，碳酸盐岩的黑白二值化图像会产生一定的变化，有时研究人员裸眼就可以发现图像腐蚀或图像膨胀的效果，这是正常的。在对碳酸盐岩的黑白二值化阈值图像进行图像腐蚀或图像膨胀操作时，一般都会使用网上源代码的开源函数来编程实现。对这些开源函数要做好代码审计，既要符合图像腐蚀与图像膨胀的编程需要，也不能与碳酸盐岩的偏光显微图像的有穷自动机映射算法相冲突，这一点非常重要。

碳酸盐岩的偏光显微图像在转换为黑白二值化图像后，碳酸盐岩玻片上的孔隙分布实际上对研究人员而言已经很清楚。但如何在碳酸盐岩的黑白二值化图像上勾勒出碳酸盐岩玻片上的孔隙分布界线是比较复杂的。碳酸盐岩的黑白二值化图像的黑色像素点，往往呈岛状分布，在岛状的黑色像素点中又混有白色的像素点，如何找到岛状的黑色像素点的最外侧像素点并以此勾勒出碳酸盐岩玻片的黑白二值化图像的孔隙分布图，并不是项容易通过编程实现的工作。岛状的黑色像素点中混杂的白色像素点大大增加了孔隙边界勾勒的难度。网上有开源的黑白二值化图像边界勾勒函数，但这些函数引入碳酸盐岩图像分析岩溶研究后的效果并不理想，很多碳酸盐岩的黑白二值化图像在边界勾勒后的图像再次计算碳酸盐岩孔隙度,与利用黑白二值化图像的黑色像素点个数方式计算的碳酸盐岩孔隙度有较大的差异,说明这些边界勾勒的开源代码是需要进一步改进的。在将碳酸盐岩的黑白二值化图像转成 8-BIT 图像后,使用勾边软件自带的圆圈边界勾勒功能,可以快速形成碳酸盐岩的孔隙边界图像。因此,在苏北碳酸盐岩地区的图像分析岩溶研究中,广泛使用了勾边软件进行碳酸盐岩的黑白二值化图像的孔隙边界勾勒。

　　碳酸盐岩图像分析岩溶研究中,一般以碳酸盐岩的黑白二值化图像中黑色像素点占总像素点数的百分比作为碳酸盐岩的孔隙度,一般将碳酸盐岩的黑白二值化图像的边界勾勒结果作为对比参考依据和碳酸盐岩玻片上孔隙分布的位置依据。在和基于 TCRM 获得的碳酸盐岩孔隙度进行对比时,要先按照对比数量级,看看两种方法得到的碳酸盐岩孔隙度是不是在一个数量级上。再对比不同时期采集的碳酸盐岩样本试件的碳酸盐岩孔隙度比值是不是在一个数量级上。只有当碳酸盐岩的孔隙度值本身和孔隙度比值都接近时,才能说明碳酸盐岩图像分析岩溶研究的结果是正确可信的。当碳酸盐岩的孔隙度值本身和孔隙度比值有一个以上是不接近的,说明碳酸盐岩图像分析岩溶研究的结果和基于碳酸盐岩的 TCRM 研究结果有比较大的差距,要仔细分析研究两种研究方法结果差异产生的原因。一般而言,此时应当进行碳酸盐岩图像分析岩溶研究的算法迭代,算法迭代要坚持由小及大的原则,即从碳酸盐岩的黑白二值化处理的阈值入手,先判断图像分析岩溶研究得到的孔隙度偏大还是偏小,在此基础上分析阈值应该调大还是调小。然后分析上级有穷自动机的算法映射中的算子设置,将算子设置向结果偏大或偏小调整,从而重新得到新的算法映射的结果,即新的碳酸盐岩的黑白二值化图像处理的新阈值。

　　碳酸盐岩图像分析岩溶研究需要程序员的服务实现编程工作,这不可避免地要在碳酸盐岩图像分析岩溶研究的研究团组中使用以高年级本科生和硕士研究生为主的学生程序员。学生程序员能稳定提供编程服务的时间很有限,硕士研究生扣除研一学分累积时间和研三毕业环节,能有效进行编程的时间一般不会超过 10 个月;高年级本科生能稳定提供编程服务的时间更短。因此,在碳酸盐岩图像分析岩溶研究的研究团组中,必须接受学生程序员经常变换的事实,要想办法解决这一问题而不是一味地抱怨。既然高年级本科生能够提供服务的时间很短,那么就要注意人员的筛选,尽量选择优秀的、已经掌握了基本碳酸盐岩图像处理能力的高年级本科生加入研究团组。在碳酸盐岩图像分析岩溶研究中,研究团组中的教师必须作为一线程序员参与,这样才能解决人员频繁变动带来的程序开发管理难题。此外,在程序开发中必须尽可能规范软件的开发流程,加强文档和代码注释的管理,教师程序员必须能够看懂全部代码。在碳酸盐岩图像分析岩溶研究中,尽量发挥学生程序员的传帮带作用,使软件开发工作保持稳定。

3.3.2　TCRM 岩溶研究

在开始阶段利用图像分析法进行岩溶研究,一定不能与没有 TCRM 岩溶研究得到的研究结果进行对比。为了图像分析法进行岩溶研究结果的准确,使用 TCRM 进行岩溶研究得到的研究结果不能太少。苏北碳酸盐岩地区的 TCRM 得到的研究结果完全符合图像分析法进行岩溶研究的需要。TCRM 进行碳酸盐岩样本的岩溶研究必须注意过程的可重复性,在研究中同一岩溶指标如岩溶发育速度值必须用相同型号设备进行,研究所用的时间和温度必须一致。在 TCRM 碳酸盐岩岩溶研究中有时会遇到实验装置损坏,此时不能修复设备后接着研究,应该修复设备后重新研究。在用 TCRM 进行岩溶研究时,必须注意碳酸盐岩采集地区的地学背景,尽量在研究中再现碳酸盐岩采集地区的温度、压力与岩溶水特征。在使用 TCRM 进行岩溶研究时,对同一岩溶指标如孔隙度的研究必须采用同一研究方法,这样才能确保 TCRM 结果的准确性。TCRM 进行岩溶研究中使用的碳酸盐岩样本,在加工成碳酸盐岩试件时,最好采用同一外形形制(相同的长宽高)。由于加工人员的技术水平和责任心不同,实际在 TCRM 中使用的碳酸盐岩试件很多都有一些加工公差,只要在允许范围内不影响岩溶研究都是可以接受的。但在实际计算孔隙度时,要仔细重新测量每个碳酸盐岩试件的长宽高准确值,不能直接用设置值来计算孔隙度,即在 TCRM 岩溶研究计算岩溶发育速度和碳酸盐岩孔隙度时,要仔细用游标卡尺测量碳酸盐岩试件的上下底面半径(实际按上下底面半径的平均值使用)、试件的高度。计算岩溶发育速度和碳酸盐岩孔隙度时使用的计算参数值,如碳酸盐岩试件的体积和高度值,都应该是实际测量的值,不能直接用设置值。如果直接用设置值,会严重影响计算岩溶发育速度和碳酸盐岩孔隙度值的准确度。在实际测量碳酸盐岩试件的上下底面半径和高度值时,要注意加强对研究生的责任心教育,告知他们测量马虎可能导致严重的科研失误,对责任心明显有问题的学生建议更换为更适合其能力的研究工作。在实际测量碳酸盐岩试件的上下底面半径和高度值时,要注意尽量使用游标卡尺等工具,使用时要注意尽可能减少个人主观误差。如果在 TCRM 研究中使用的碳酸盐岩试件来源于不同时期的同一位置或是 TCRM 样本在实验前后获得的样本,就可以按照碳酸盐岩样本试件在 TCRM 研究前后的质量变化、碳酸盐岩试件的岩石密度和碳酸盐岩试件 TCRM 研究所使用的时间来计算碳酸盐岩试件的岩溶发育速度,在此基础上利用图像分析法得到的实验前后孔隙度的差换算实验前后碳酸盐岩样本试件质量差的公式需要一些推导。以这种方法获得的碳酸盐岩样本试件的岩溶发育速度值最终反映为毫米/千年(mm/ka),是很好的碳酸盐岩岩溶研究指标。

在用以上方计算碳酸盐岩的岩溶发育速度时,要注意碳酸盐岩试件在研究前后都是使用的碳酸盐岩试件干重而不是湿重。研究采用的实验天数在某日不足 24 h 时,以 12 h 为阈值分界,超过 12 h 算全天,不足 12 h 不计入实验天数。碳酸盐岩试件的上下底半径公差不能太大。以苏北碳酸盐岩地区的岩溶研究历史,碳酸盐岩试件的岩溶发育速度超过 40 mm/ka 时要仔细分析岩溶发育速度形成的原因,要重视是什么原因导致采样地点的岩溶发育速度比其他采样地点异乎寻常地快。在苏北多数碳酸盐岩地区的岩溶发育速度在 40 mm/ka 以下,高于 40 mm/ka 的采样地点值得特别重视并深入分析原因。

从 TCRM 的一般原理来说,孔隙度高的碳酸盐岩试件,单轴抗压强度会变低。孔隙度降低的碳酸盐岩试件(由于碳酸盐岩地层中的岩溶作用是持续不中断的,实际研究中很少出现),它的单轴抗压强度值会变大,所以碳酸盐岩的孔隙度值、岩溶发育速度值与碳酸盐岩的单轴抗压强度变化值有很大关系。如果碳酸盐岩试件孔隙度降低,碳酸盐岩试件的单轴抗压强度变大,则当地一定有影响岩溶作用的因素存在。在苏北碳酸盐岩地区岩溶 TCRM 研究中,不能忽视碳酸盐岩试件的单轴抗压强度观测。碳酸盐岩试件的单轴抗压强度研究中形成的破片,也不能忽视其研究价值,必须仔细观察破片的形制、内表面等观测指标,这些指标都有可能影响苏北碳酸盐岩地区的岩溶发育研究。

碳酸盐岩地区采集的碳酸盐岩样品,哪些岩溶发育速度快,哪些岩溶发育速度慢,需要一个客观的标准进行衡量。只依靠研究人员的经验对碳酸盐岩的岩溶发育速度进行区分判断,对研究生和高年级本科生的要求稍微高些。由于碳酸盐岩地层不受人类活动影响是在千年时间尺度上岩溶发育速度相对而言比较稳定,因此,可以以千年为时间单位测量碳酸盐岩试件被溶蚀的高度。对于用碳酸盐岩样本加工好的碳酸盐岩试件而言,每千年碳酸盐岩的岩溶作用溶蚀掉的碳酸盐岩高度,是很好的碳酸盐岩岩溶发育速度的判断标准。这个碳酸盐岩试件用 TCRM 前后的质量差和 TCRM 所使用的时间结合碳酸盐岩密度最终得到碳酸盐岩试件岩溶发育速度的计算公式,笔者已经在 SCI 期刊上以研究论文的方式发表,这里不再重复。这个标准可以直观地反映该碳酸盐岩试件千年后的溶蚀效果,是比较理想的碳酸盐岩岩溶作用的衡量指标。这个碳酸盐岩试件岩溶发育速度的研究方式较为容易以 TCRM 的研究方式进行重复,所需要的碳酸盐岩试件的 TCRM 前后的质量差、碳酸盐岩试件的密度和 TCRM 所使用的岩溶研究时间也比较容易以测试的方式得到,计算的过程也不复杂,很容易理解,因此,是比较可信的碳酸盐岩试件岩溶发育速度研究手段。

碳酸盐岩样本计算碳酸盐岩孔隙度的方法很多,目前常用的有分形法、压渗法和浸泡法,苏北碳酸盐岩地区采集的碳酸盐岩样本在利用 TCRM 进行碳酸盐岩孔隙度计算时,常用碳酸盐岩的压渗法和浸泡法。浸泡法的常见浸泡介质为水。使用岩溶水作为碳酸盐岩样本的浸泡介质原因是水的成本较低,不需要申请消防资质。岩溶水浸泡法一般是将碳酸盐岩试件在岩溶水中浸泡一段时间,然后取出静置于阴凉处,待碳酸盐岩试件表面的水迹风干,然后用天平称重。再将碳酸盐岩试件置于烘箱中烘干一段时间,再次取出碳酸盐岩试件用天平称重,利用两次称重的质量差结合水的密度计算碳酸盐岩的孔隙体积。这样做的优点是浸泡成本较低,缺点是烘干成本较高,而且岩溶水常压浸泡时,如果浸泡时间控制不好,岩溶水不一定能进入碳酸盐岩试件的毛细孔隙。

　　苏北碳酸盐岩地区最好的碳酸盐岩样本试件的孔隙度计算方法还是压渗法比较合适。由于碳酸盐岩试件是被固定在密封件中,高压岩溶水除了渗流过碳酸盐岩试件,没有其他地方可去。由于岩溶水是被高压压入碳酸盐岩样本试件的,所以一定渗流时间后岩溶水基本可以充满碳酸盐岩样本试件的所有孔隙。由于碳酸盐岩的压渗法对密封要求很高,要注意岩溶室内模拟研究装置的密封件的公差必须符合要求。高压岩溶水在进入密封件后由于遇到碳酸盐岩样本试件,渗流过程需要一定的时间,应该不会马上出现滴水现象。如果高压岩溶水在进入密封件后下方立即出现漏水,多数是上下密封环公差超过许可或碳酸盐岩样本试件的加工规格不合乎要求造成的,此时要重点检查碳酸盐岩样本试件的上下密封固定环的公差是否符合要求,因为在安装上岩溶室内模拟研究装置之前碳酸盐岩样本试件已经检查了规格。为了保证高压岩溶水可以充满碳酸盐岩样本的所有孔隙,高压岩溶水对碳酸盐岩样本试件的渗流过程应该持续一段时间。完成高压岩溶水的压渗浸泡后,和浸泡法类似,要将碳酸盐岩样本试件取出,置于阴凉处使其表面风干,然后使用天平称重,再将碳酸盐岩试件置于烘箱中烘干,一段时间后,再次取出碳酸盐岩试件使用天平称重,利用两次称重的质量差结合水的密度计算碳酸盐岩的孔隙体积。碳酸盐岩样本试件的孔隙度非常重要,在 TCRM 中使用岩溶水压渗法获得碳酸盐岩的孔隙体积,应该是比较可靠的方法。

　　在获得了碳酸盐岩样本试件的孔隙度后,可以进行碳酸盐岩样本试件的岩溶发育速度的研究。基于 TCRM 的碳酸盐岩样本试件的岩溶发育速度的计算和碳酸盐岩的孔隙度计算类似,注意在计算碳酸盐岩样本试件的岩溶发育速度时要使用碳酸盐岩样本试件的密度。注意,这里可以选择的碳酸盐岩样本试件的密度包括干密度和湿密度。在计算碳酸盐岩样本试件的岩溶发育速度时,请尽量选择碳酸盐岩样本试件的干密度,即将碳酸盐岩样本试件的体积扣除碳酸盐岩样本试件的孔隙体积后再计算碳酸盐岩样本试件的密度。苏北碳酸盐岩地区基于 TCRM 计算碳酸盐岩样本试件的岩溶发育速度时,使用的都是碳酸盐岩样本试件的干密度来计算岩溶发育速度。这是因为使用干密度计算碳酸盐岩样本试件的岩溶发育速度,在岩溶地学背景上要比使用碳酸盐岩样本试件的湿密度更接近实际。在基于 TCRM 进行碳酸盐岩样本试件的孔隙度和岩溶发育速度计算后,都需要和碳酸盐岩图像分析岩溶研究得到的孔隙度和岩溶发育速度进行比较。

在碳酸盐岩图像分析岩溶研究中使用基于碳酸盐岩的 TCRM 历史研究数据时,应该优先检查基于碳酸盐岩的 TCRM 历史研究数据中有没有可以在碳酸盐岩图像分析岩溶研究中加以运用的数据。如果碳酸盐岩图像分析岩溶研究使用的碳酸盐岩玻片的碳酸盐岩样本采集地点有基于 TCRM 的历史研究数据,是比较理想的,直接将基于 TCRM 的历史研究数据作为碳酸盐岩偏光显微图像的有穷自动机目标逼近值就可以了。如果在基于碳酸盐岩的 TCRM 历史研究数据中找不到本研究使用的碳酸盐岩玻片对应的碳酸盐岩历史研究数据,则需要进行基于碳酸盐岩的 TCRM 岩溶室内模拟研究,以获得可供帮助碳酸盐岩图像分析岩溶研究的目标逼近值。在这些没有碳酸盐岩图像分析岩溶研究使用的碳酸盐岩玻片的碳酸盐岩样品采集地点,根据碳酸盐岩历史研究数据而进行基于 TCRM 的碳酸盐岩室内岩溶模拟研究时,要注意查找碳酸盐岩玻片所对应的碳酸盐岩采集地点附近有没有类似并可以借鉴的碳酸盐岩样本采集点,利用这些采集点的温度与压力条件作为基于碳酸盐岩的 TCRM 岩溶室内研究的温度与压力条件。总之,基于碳酸盐岩的 TCRM 岩溶室内模拟研究的室温、水温和水压都应该有出处,不能凭空想象设置各种条件参数。

在进行基于碳酸盐岩的 TCRM 岩溶室内模拟研究时,一定会使用加工好的各种规格的碳酸盐岩试件。但各种规格的碳酸盐岩试件,是由不同加工人员加工而成的,很难避免在加工过程中出现的公差问题,即碳酸盐岩试件的口径大于或小于碳酸盐岩室内研究模拟装置的内膛。鉴于研究成本的原因,碳酸盐岩试件多数是委托研究机构熟悉的石材加工厂制作,所以碳酸盐岩试件在加工时要按照 1∶1.2 的数量比多加工一些碳酸盐岩试件。好在碳酸盐岩试件加工成本不高,适合大量加工。在收到所有碳酸盐岩试件后必须先进行合膛检查,不能合膛的碳酸盐岩试件只能用于碳酸盐岩的单轴抗压强度测试,不能用于碳酸盐岩图像分析岩溶研究。在碳酸盐岩试件的合膛测试中必须注意,无法放入的碳酸盐岩试件直接换下一个,即使能放入的碳酸盐岩试件,试件本身与膛壁之间也不能有裸眼可发现的缝隙,横向加压测试后更不应该有缝隙。碳酸盐岩试件在合膛测试时一般不会全部放入,总要保留部分在外面以便抽出,所以碳酸盐岩试件在放入后可以试着用手转一转,如果碳酸盐岩试件无法旋转或旋转时有明显阻力,说明合膛良好。

　　苏北碳酸盐岩地区在进行基于碳酸盐岩的 TCRM 岩溶室内模拟实验研究时,要注意岩溶水的水压控制。在新采集点的碳酸盐岩试件进行室内的初次模拟时,要注意控制岩溶水的水压缓慢升压,在达到实验要求的水压时不要维持太久,要注意及时降压观测水压对碳酸盐岩试件的影响。如果碳酸盐岩试件下方的压渗水流是喷射状的,要注意检查碳酸盐岩试件采集点地层间的岩溶水压力是不是当前碳酸盐岩室内模拟研究的岩溶水压力。如果碳酸盐岩试件在水压下出现异常,说明当前碳酸盐岩室内模拟研究的岩溶水压力一定是有问题的。这时要注意立即降低岩溶水的水压以保证实验安全,同时注意观察碳酸盐岩岩溶室内模拟研究装置在降压过程中有无异常。如果在岩溶水升压过程中,碳酸盐岩的岩溶室内模拟研究装置出现异响、震动等情况,要及时降低岩溶水的水压,待异响、震动结束后一段时间,确保安全后再打开研究装置。从碳酸盐岩的室内模拟研究的常识出发,如果在碳酸盐岩的岩溶室内模拟研究装置的岩溶水升压过程中,碳酸盐岩试件下方的压渗水流逐渐由点滴状变为线状甚至喷射状,说明碳酸盐岩试件的孔隙度值较高,碳酸盐岩试件的透水性也较高,此时要重点检查碳酸盐岩试件的渗透系数值。如果碳酸盐岩试件的渗透值明显和实验结果不一致,说明岩溶水的水压一定不对。

在基于 TCRM 碳酸盐岩的岩溶室内模拟研究中,为保证碳酸盐岩试件在岩溶水的水压下不会产生位移,一般在碳酸盐岩试件下方使用千斤顶顶住碳酸盐岩试件。此时使用千斤顶是为了提供纵向的负压力,以抵消岩溶水带来的纵向正压力。在安装千斤顶时要注意顶住碳酸盐岩试件的中轴线,教师一定要在实验开始前检查,以确保千斤顶安置正确。在千斤顶升压过程中,碳酸盐岩试件出现裂缝、落粉等现象,说明实验使用的岩溶水水压值设置一定不对,需要重新检查碳酸盐岩室内岩溶模拟实验的岩溶水水压值。在实验开始前,千斤顶所在位置应特别加固,确保能承受足够大的压力,注意千斤顶务必不能放置在瓷砖上。在基于 TCRM 的碳酸盐岩岩溶室内模拟研究装置的设计阶段,就应该考虑千斤顶的使用和千斤顶的地面加固。基于 TCRM 的碳酸盐岩岩溶室内模拟研究中使用的碳酸盐岩试件的单轴抗压强度很多是高于地面瓷砖或水泥地面的,千斤顶本身在碳酸盐岩的岩溶室内模拟研究中是不应该产生位移的,特别是不应该产生纵向的位移,所以一定要注意千斤顶下方的加固。

3.3.3　利用 16S rDNA 技术进行岩溶微生物研究

苏北碳酸盐岩地区的历史岩溶研究结果表明,苏北地区的某些地层的岩石孔隙度有加大的趋势,部分岩石样本表面有雪花状石膏分布,现在认为这些现象是由于微生物经过土壤进入岩溶水后沿苏北地区的碳酸盐岩孔隙到达碳酸盐岩地层的某些部位,从而与碳酸盐岩地层中的矿物发生化学反应形成的。苏北地区的碳酸盐岩地层中有黄铁矿、钾钠长石和水铵长石等矿物分布,如果苏北碳酸盐岩地区分布的岩溶水中含有硝化菌、反硝化菌、硫化菌、脱氮硫杆菌等岩溶微生物,结合苏北地区碳酸盐岩地层中发现的黄铁矿、钾钠长石和水铵长石等矿物,它们可能会产生对苏北碳酸盐岩岩溶研究有很大影响的生物化学反应,改变岩溶水中 H^+、CO_3^{2-}、HCO_3^-、SO_4^{2-}、HSO_4^-、NO_3^- 和 NO_2^- 等离子浓度的分布,从而影响苏北地区的碳酸盐岩地层岩溶作用。这些岩溶微生物对苏北碳酸盐岩地层岩溶作用的影响的主要方式为维持自身生存,改变苏北地区碳酸盐岩地层中分布的岩溶水中 NH_4^+、K^+、Ca^{2+} 的浓度,在岩溶微生物能量代谢过程中形成的 NO_3^-、NO_2^-、SO_4^{2-}、HSO_4^-、SO_3^{2-} 等离子,与苏北地区碳酸盐岩地层中发现的黄铁矿、钾钠长石和水铵长石等矿物反应,有可能在苏北碳酸盐岩地层的岩石孔隙中形成疏松的硫与石膏沉积,从而影响苏北地区碳酸盐岩地层中岩溶水的运动形态,进而改变碳酸盐岩地层的岩溶作用。这些在苏北碳酸盐岩地区的岩石孔隙中形成疏松的硫与石膏沉积,不仅影响苏北碳酸盐岩地区的岩溶作用,也影响苏北地区碳酸盐岩试件的单轴抗压强度,表现为碳酸盐岩试件的单轴抗压强度值的变化,使单轴抗压强度测试之后的碳酸盐岩试件破片更多,在碳酸盐岩试件的破片内表面上会有硫和石膏的沉积痕迹,这些都是苏北碳酸盐岩地区岩溶研究中不能忽视的因素。因此,在岩溶微生物研究中,也不能忽视碳酸盐岩单轴抗压强度研究。岩溶微生物的分布不能凭借裸眼观测,水中的岩溶微生物组成不能仅依靠经验判断。有的岩溶微生物在岩溶水中分布的浓度很高,却不影响岩溶水的透光性和水色,难以依赖经验进行岩溶水中微生物的种类判断,即使是定性判断都是很困难的,更不用说定量判断了。这和碳酸盐岩地区的岩石孔隙分布不同,岩石孔隙的分布有时是可以用经验判断的,而岩溶微生物是不能凭借经验进行研究的,必须借助生物-化学研究手段。16S rDNA 技术是比较常见的岩溶微生物研究手段,它的优点是比较成熟且被接收程度比较高,是一种理想的碳酸盐岩地区岩溶微生物研究手段。需要说明的是,16S rDNA 技术用于土壤微生物研究时,对土壤样本的重量要求不高。16S rDNA 技术在用于岩溶水中的微生物研究时,由于必须使用抽滤瓶进行抽滤,因此岩溶水样本的重量(实际是体积)不能太轻。在苏北地区的实际研究中,由于运输方便,实际采集的岩溶水一般每个采样点是 1~2 L,需要长途携带岩溶水样本的研究区域,岩溶水的样本采集量可以适当控制。在苏北碳酸盐岩地区中的一个地方发现岩溶微生物,不一定苏北其他地区也有类似的岩溶微生物分布。这不能想当然地推广,必须依靠研究数据说话。所以 16S rDNA 技术的研究地点不能太少,必须足以反映苏北碳酸盐岩地区岩溶微生物的空间分布情况。由于苏北碳酸盐岩地区实际面积并不小,所以通过 16S rDNA 技术进行苏北碳酸盐岩岩溶微生物研究时,必须注意岩溶水和土壤样本的采样均衡性,所以在苏北地区碳酸盐岩岩溶研究中通过 16S rDNA 技术研究的样本数量不能太少,也要考虑采样成本和研究经费适配。本书试图通过 16S rDNA 技术扩大苏北地区的采样密度,研究硝化菌、反硝化菌和硫化菌等微生物对苏北地区岩溶作用的影响是否普遍存在。

苏北碳酸盐岩地区的岩溶微生物研究,必须重视岩溶水或岩溶土壤中的 NH_4^+ 浓度的分布变化。苏北碳酸盐岩地区岩溶水和岩溶土壤中的 NH_4^+ 来源很多,既可能来源于人类活动,如人类的农业生产;也可能来源于岩溶微生物的代谢产物。苏北碳酸盐岩地区岩溶水和岩溶土壤中的 NH_4^+ 浓度本身不说明问题,因为以上论述的来源都可能影响某地的岩溶水、岩溶土壤中的 NH_4^+ 浓度。但苏北碳酸盐岩地区重要的是 NH_4^+ 浓度的变化,这非常值得岩溶微生物研究人员的重视。如果来自同一采样地点的岩溶水或岩溶土壤中的 NH_4^+ 浓度发生变化,当地碳酸盐岩地层中岩溶作用又没有明显的人类活动干预的痕迹,说明当地岩溶水、岩溶土壤中岩溶微生物的种群分布情况一定有明显变化。如果来自不同采样地点的岩溶水或岩溶土壤中的 NH_4^+ 浓度发生变化,并且在研究区中没有发现明显的人类活动干预岩溶作用的情况,说明当地岩溶水、岩溶土壤中岩溶微生物的种群分布情况有明显的空间分布差异,不同采样地点分布的碳酸盐岩岩溶微生物种群的数量和组成上一定有明显的不同,才能造成这种不同碳酸盐岩采样点的岩溶水、岩溶土壤中的 NH_4^+ 浓度变化。

苏北碳酸盐岩地区的岩溶微生物研究中,在发现岩溶土壤、岩溶水中的 NH_4^+ 浓度变化时,要注意对岩溶水的 pH 值的检测。岩溶水的 pH 值和岩溶水中的 H^+ 数量密切相关。在一定范围内,岩溶水的 pH 值显示的酸性越强,对岩溶水经过的碳酸盐岩地层中的岩溶作用影响越大,岩溶水中的岩溶微生物的种群分布就越值得研究。这个结论有个前提,即岩溶水中的 pH 值变化没有受到碳酸盐岩地区人类活动的影响。苏北碳酸盐岩地区的一些养殖户,有意将硝化菌投入水中,导致附近采集的岩溶土壤、岩溶水样本中硝化菌分布异常,附近的岩溶水与岩溶土壤的 pH 值也不太正常。苏北碳酸盐岩地区有些有工程施工痕迹的采样点,出现岩溶水与岩溶土壤 pH 值酸性减小的情况,估计和当地的人类工程活动有关。从总体上看,苏北碳酸盐岩地区的岩溶水样本中的 NH_4^+ 浓度有明显变化,是可以进行碳酸盐岩地区岩溶微生物研究的场所。

苏北碳酸盐岩地区的岩溶微生物研究中,必须重视岩溶水和岩溶土壤的样本采集。在苏北碳酸盐岩地区水体的岩溶水采样时,在保证采样人员人身安全的前提下,应该尽可能在人类活动较少的地区采集。在采集岩溶水样本时,应该戴橡胶手套,尽量避免采集人员的皮肤接触水体从而影响水样。岩溶土壤的采集,应该尽可能地选择人类活动较少、动植物影响也较少的裸地采集。为保证样本的质量,苏北碳酸盐岩地区按照挖去地表上覆 15 cm 土壤的原则进行土壤采样。如果要进行土壤淋溶水的采集,则同时进行样本采集。

苏北碳酸盐岩地区的岩溶微生物研究,要注意分析岩溶水和岩溶土壤样本中 NH_4^+ 的浓度变化原因。目前已经进行的岩溶微生物研究中,已经发现对岩溶水和岩溶土壤样本中的 NH_4^+ 浓度变化产生影响的岩溶微生物是自养硝化菌和脱氮硫杆菌。这两种岩溶微生物以外的微生物种群,是否也对岩溶水和岩溶土壤样品中的 NH_4^+ 浓度变化有明显影响,值得研究团组成员仔细分析和研究。目前在苏北碳酸盐岩地区采集的岩溶水和岩溶土壤样本中,已经发现有反硝化菌和硫化-反硫化菌等岩溶微生物。这些岩溶微生物在代谢过程中,与 NH_4^+ 浓度变化的关系有待进一步研究。从理论上讲,反硝化菌应该也和自养硝化菌类似,对碳酸盐岩地区的岩溶水和岩溶土壤样品中的 NH_4^+ 浓度变化有明显的影响,但反硝化菌的代谢过程对岩溶水和岩溶土壤样品中的 NH_4^+ 浓度变化的细节,还有待进一步研究。和反硝化菌类似,硫化-反硫化菌的代谢过程与岩溶水和岩溶土壤样品中的 NH_4^+ 浓度变化的关系,也需要进一步的研究。在岩溶水和岩溶土壤样品中的 NH_4^+ 浓度变化研究中,要注意碳酸盐岩采集地的温度变化对岩溶水和岩溶土壤样品中的岩溶微生物的影响,特别是岩溶水样品水温变化对碳酸盐岩地区岩溶微生物种群分布的影响。

　　在苏北碳酸盐岩地区,从一般岩溶微生物的常识上来说,岩溶水水温高,岩溶微生物的种群活跃度应该更高,岩溶微生物的数量应该更大,岩溶微生物的代谢物对岩溶水中 H^+ 浓度的影响更大,使岩溶水的酸性更强,从而导致岩溶微生物对碳酸盐岩地层间的岩溶作用影响更大,碳酸盐岩样品试件的孔隙度和岩溶发育速度值应该更大。但实际上,在苏北碳酸盐岩地区的岩溶研究发现,当地岩溶水的水温和岩溶微生物的种群数量不成正比例关系。有的岩溶水水温明显较低的样品中,岩溶微生物的种群数量却很高。在苏北碳酸盐岩地区的岩溶微生物研究中,不能想当然地把岩溶水的水温作为岩溶微生物种群的判断指标,而应该实事求是地进行岩溶微生物研究后再做结论。在苏北碳酸盐岩地区进行基于 TCRM 的岩溶室内模拟研究时,要注意尽量还原岩溶水的水温条件。在实际基于 TCRM 的岩溶室内模拟研究时,岩溶水的水温不容易控制,因此,实际在进行基于 TCRM 的岩溶室内模拟研究时,将岩溶水的水温控制在一定区间即可。岩溶水在基于 TCRM 的岩溶室内模拟研究时,水温维持较高,则消耗能源太大,研究成本太高,所以在基于 TCRM 的岩溶室内模拟研究时尽量选择岩溶水水温较低的采样地点的碳酸盐岩样本。

　　苏北碳酸盐岩地区面积并不小,地质条件比较复杂,地质历史比较丰富。在有人类工程活动的苏北碳酸盐岩地区,出露地表的矿物较多。因此,在苏北碳酸盐岩地区进行岩溶研究时,不能忽视这些矿物对碳酸盐岩地区的岩溶作用的影响。这些矿物在遇到岩溶水中的岩溶微生物后,可能对碳酸盐岩中岩溶微生物的代谢过程产生影响。这些碳酸盐岩地层中的矿物在帮助岩溶水中的岩溶微生物获得能量进行代谢的过程中,可能会对岩溶水的 pH 值产生影响,生成很多新的酸根离子,从而明显干预碳酸盐岩地层中的岩溶作用,对碳酸盐岩样本试件的孔隙度和岩溶发育速度的值产生明显影响。除此以外,这些矿物可能和岩溶微生物的代谢产物发生化学反应,产生碳酸盐岩孔隙中沉积的石膏,这些石膏可能会严重影响碳酸盐岩样本试件的单轴抗压强度。有时封闭在碳酸盐岩地层中的矿物是接触不到岩溶水,进而接触不到岩溶微生物的,可人类工程活动可能改变这一切。人类工程活动导致碳酸盐岩孔隙中的岩溶水分布的空间位置发生改变,使原本没有接触的碳酸盐岩地层间的岩溶水与矿物发生接触,从而使岩溶微生物与矿物接触发生意想不到的化学反应,对碳酸盐岩地层间的岩溶作用产生明显影响,值得碳酸盐岩地区的研究人员重视。

如果在碳酸盐岩地区进行基于 TCRM 的碳酸盐岩岩溶模拟室内研究,最好进行岩溶水中含有岩溶微生物和不含有岩溶微生物两种情况进行对比研究。这样可以比较明显地凸显岩溶水中的岩溶微生物对碳酸盐岩样本试件岩溶作用的影响。苏北碳酸盐岩地区采集的碳酸盐岩样本试件,在使用含有岩溶微生物的岩溶水和不含岩溶微生物的岩溶水进行基于 TCRM 的碳酸盐岩岩溶室内模拟研究对比实验后,使用含有岩溶微生物的岩溶水的室内模拟研究的碳酸盐岩样本试件的孔隙度和岩溶发育速度明显大于不含有岩溶微生物的岩溶水的室内模拟研究结果。以该研究结果应该能得到其他碳酸盐岩地区研究结果的验证。这种含有岩溶微生物的岩溶水的室内模拟研究的碳酸盐岩样本试件的孔隙度和岩溶发育速度明显大于不含有岩溶微生物的岩溶水的室内模拟研究结果的形成原因,应该就是岩溶微生物的影响。岩溶微生物对碳酸盐岩样本试件的影响不仅可以定性研究,也可以定量研究。将基于 TCRM 的碳酸盐岩岩溶室内模拟研究对比实验获得的碳酸盐岩样本试件的孔隙度和岩溶发育速度的结果分别进行相减,得到的值应该就是当地岩溶微生物对碳酸盐岩样本试件岩溶作用影响的定量值。

3.4 关键技术

3.4.1 岩石图像的频谱分析

苏北碳酸盐岩地区采集的碳酸盐岩样本在加工成碳酸盐岩试件后,一般会剩余一些碎片。这些碎片一般没有其他用途,但用于磨制碳酸盐岩的偏光显微玻片却很合适。利用比较普及的偏光显微图像采集设备如偏光显微镜等,可以获得碳酸盐岩玻片的偏光显微图像。这种碳酸盐岩的玻片显微图像从本质上讲就是计算机图像,从图像分析的角度看这些碳酸盐岩的偏光显微图像和其他计算机图像并没有什么不同。但碳酸盐岩的偏光显微图像是有苏北岩溶地学背景的,这些碳酸盐岩偏光显微图像都包含相关的地学信息,理论上讲每个碳酸盐岩的偏光显微图像都是唯一的,没有绝对相同的两张碳酸盐岩的偏光显微图像。碳酸盐岩石一般都具备一定的透水性,由于密度、孔隙度等的不同而导致透水性的大小存在差异。这种差异反映在碳酸盐岩的偏光显微图像上,表现为碳酸盐岩的偏光显微图像的 RGB 值和灰度值的阈值分布不同。在利用适当的图像透镜去掉一部分图像信息后,岩样中相对密度大、孔隙度小的部分就会显示出来。将这些保留下来的像素点 RGB 值按照适当的公式,就可以得到岩石的透水性频谱。以常见的碳酸盐岩的偏光显微图像为例,如果使用标准灰度算法进行碳酸盐岩的频谱分析,借助 MATLAB 软件可以得到碳酸盐岩灰度频谱分析图像。

在苏北碳酸盐岩地区的碳酸盐岩偏光显微图像的频谱分析中,灰度值分析和 RGB 值分析都是常见的频谱分析算法。在实际应用中,苏北地区也使用了马鞍线族、心形线族曲线算法作为碳酸盐岩频谱分析的算法。以马鞍线族曲线为例,借助 MATLAB 软件可以得到碳酸盐岩的偏光显微图像的马鞍线族频谱分析曲线。

获得碳酸盐岩频谱分析曲线后,要注意分析频谱分析曲线的纵轴值分布区间与像素点之间的对应关系,结合目视碳酸盐岩试件和碳酸盐岩的偏光显微图像,可以比较频谱分析曲线的产生原因、变化趋势等现象后代表的地学意义。在利用碳酸盐岩玻片获得碳酸盐岩的偏光显微图像后,首先应该进行碳酸盐岩的偏光显微图像的像素点点阵分析。在像素点点阵分析中,按照某种抽样算法获得的碳酸盐岩的偏光显微图像的像素点的 RGB 值或灰度值,本身就可以组成图像 RGB 值或灰度值的频谱图或热图。所以碳酸盐岩的偏光显微图像的频谱分析中,碳酸盐岩的偏光显微图像的像素点点阵分析就是比较常见的岩石图像频谱分析。在碳酸盐岩图像分析岩溶研究中,常用有穷自动机。碳酸盐岩图像分析岩溶研究中使用的有穷自动机,一般都有若干个映射算法,这些有穷自动机的映射算法在导入碳酸盐岩的偏光显微图像的像素点 RGB 值和灰度值之后,会形成新的有穷自动机算法映射值。将这些新的有穷自动机映射算法的值按照一定规则或算法抽样后,也可以用来制作碳酸盐岩的偏光显微图像的频谱分析图,如各种有穷自动机算法映射值曲线、热图之类的图件,可以较好地反映碳酸盐岩样本的岩石特性。碳酸盐岩图像分析岩溶研究主要通过黑白二值化阈值处理研究获得碳酸盐岩的孔隙度,碳酸盐岩的黑白二值化图像也是重要的图像频谱分析依据。将碳酸盐岩的偏光显微图像和黑白二值化图像的像素点 RGB 值作为频谱分析依据,也可以以构建曲线、热图的方式实现碳酸盐岩岩石图像的频谱分析。

在碳酸盐岩的岩石图像频谱分析中,各种频谱分析曲线是比较常见的岩石图像频谱分析手段。在利用碳酸盐岩偏光显微图像获得频谱分析曲线,首先要进行正态性分布检查。碳酸盐岩的各种频谱分析曲线一般都有数值刻度,所以使用 MATLAB 或 SCILAB 进行频谱的正态性分析是很方便的。以 MATLAB 为例,在 MATLAB 中重构碳酸盐岩的频谱分析曲线,首先,曲线应该和频谱分析曲线是一致的;其次,进行正态分布检查,碳酸盐岩的偏光显微图像的 RGB 值和灰度值一般都是在 $[0,255]$ 内正态分布,如果碳酸盐岩的偏光显微图像的正态分布测试不理想,说明碳酸盐岩玻片上岩石性质差异比较大,碳酸盐岩样本的纯度可能不适合进行碳酸盐岩图像分析岩溶研究。在完成碳酸盐岩频谱分析曲线的正态分布检测后,应该将 MATLAB 中使用的代码与数据保存,以供编程工具进行频谱峰谷周期性检查。频谱峰谷周期性检查主要包括峰谷周期检查,在频谱分析曲线的纵轴适当位置上做一条与横轴平行的水平线,水平线被频谱分析曲线截断的短线长度的差异应该在预期范围之内,否则要注意检查碳酸盐岩试件和玻片的纯度。此外,频谱峰谷周期性检查还需要注意峰谷面积是否接近,如果频谱分析曲线的峰所占面积远远不等同于谷的面积,就要注意检查碳酸盐岩试件和玻片的纯度。

在碳酸盐岩图像频谱分析中,各种频谱分析热图是比较常见的岩石图像频谱分析手段。在利用碳酸盐岩的偏光显微图像获得频谱分析热图时,首先要进行正态聚类分布检查。碳酸盐岩图像的频谱聚类分析是把相似的频谱聚类分析值先用有穷自动机的映射算法进行筛选,通过有穷自动机静态分类的方式将不同碳酸盐岩偏光显微图像像素点的聚类分析值分成不同区间的组别或者更多的子集,这样让在同一个子集中的碳酸盐岩的偏光显微图像的像素点都有相似的属性,最终反映为碳酸盐岩的频谱分析热图上的不同颜色分布,相同子集的像素点用同一种颜色表示。由于碳酸盐岩的偏光显微图像来源于碳酸盐岩的玻片,因此如果碳酸盐岩样本是纯净的,则碳酸盐岩玻片也应该是纯净的,那么碳酸盐岩的偏光显微图像用于频谱分析的热图颜色分布过渡应该是比较自然的,没有突兀的颜色斑块。如果热图中有比较突兀和周边颜色不太协调的斑块,说明需要检查碳酸盐岩玻片的纯净度。

碳酸盐岩岩石图像的频谱分析在碳酸盐岩图像分析岩溶研究中不仅能用于碳酸盐岩的孔隙度和岩溶发育速度计算,也可以用于碳酸盐岩图像分析岩溶研究与基于 TCRM 的碳酸盐岩岩溶研究的结果逼近和算法迭代。如果碳酸盐岩样本在剖开时采用的是十字切割法,那么就应该有若干个碳酸盐岩剖面。如果在每个碳酸盐岩的剖面上都挖取加工一个以上的碳酸盐岩玻片用于碳酸盐岩的图像分析岩溶研究,就可以通过碳酸盐岩的偏光显微图像得到若干个可能有一些差异的碳酸盐岩孔隙度值。这种碳酸盐岩孔隙度值的差异是正常的,因为碳酸盐岩样本不同部位的孔隙度不一定一致。但碳酸盐岩岩石图像频谱分析得到的曲线和热图应该是类似的,不应该有明显的频谱分析差异。如果同一碳酸盐岩样本得到的碳酸盐岩的偏光显微图像的频谱分析结果接近,在利用基于 TCRM 的历史研究数据或室内模拟研究数据进行碳酸盐岩孔隙度值的目标逼近时,就应该将这若干个碳酸盐岩的孔隙度取平均值后进行碳酸盐岩图像分析岩溶研究有穷自动机算法映射的目标逼近和算法迭代,这样要比只使用一个玻片进行目标逼近和算法迭代效果更好。苏北碳酸盐岩地区采集的碳酸盐岩样本多数是只加工了一个碳酸盐岩玻片,但也有若干样本加工了一个以上的碳酸盐岩玻片。

3.4.2　自然语言的形式化

在岩溶研究中,不可避免会出现自然地理学者和 GIS 学者的合作。在实际交流中,使用自然语言描述问题的自然地理学者,有时不一定能让 GIS 学者明白自己的意图。这时候一般是要求自然地理学者要有耐心,仔细阐述自己的科研需求以便 GIS 学者理解。如果此时一方失去耐心,双方的学术职称接近,那么合作研究的可能性就很低了。有的学者想利用学术地位的差距找学 GIS 的研究生合作,但教师没听明白的章节研究生也不会听明白。对 GIS 程序员来说,思维过程和自然地理学者是不一样的。GIS 程序员严格强调区分是非逻辑,任何事物都是非对即错的,严格强调数据链的逐层递进,而自然地理的学者思维方式不一定是这样的。对 GIS 程序员而言,最理想的莫过于合作者都掌握自然语言的形式化,严格区分是非,区分数据输入、处理与输出描述需求。可在实际科研工作中,不能这样要求自然地理学者。自然语言的形式化对 GIS 学者不应该是问题,这就要求 GIS 学者耐心地倾听自然地理学者的自然语言描述,替自然地理学者做自然语言的形式化,从自然地理学者的自然语言描述中区分数据输入、处理与输出的不同阶段,归纳自然地理学者所说的自然语言中的逻辑值,严格区分自然地理学者提到的是非逻辑,这样才能顺利完成自然地理学者和 GIS 学者的科研合作。这个过程看起来很简单,但实际中自然语言的形式化并不容易做好,需要 GIS 学者有良好的敬业精神和责任心,如果此时自然语言的形式化做得不好,会严重影响后面 GIS 程序员(在高校中一般是学硕和高年级本科生)的开发工作。自然地理学者请 GIS 学者解决的问题有时是难以想象的,笔者经常碰到有人要求帮助把最新电脑改装 DOS,然后安装一款岩溶软件(这款软件是 DOS 下用 fortran77 开发的,必须在 DOS 下借助 fortran77 运行)。这种工作经历让人十分不愉快,可又必须干,因为如今除非专门培训,已经很难找到精通 DOS 下编程与操作系统设置的商业化服务人员。可如果岩溶信息系统的重要性就体现在能将最新电脑装 DOS,实在是岩溶信息系统工作者的遗憾。

在碳酸盐岩图像分析岩溶研究中,碳酸盐岩的偏光显微图像的处理是比较适合形式语言的应用的。碳酸盐岩的偏光显微图像的处理一般包括图像输入、图像处理和图像输出 3 个阶段,非常适合形式语言中的有穷自动机模型。碳酸盐岩的偏光显微图像的图像输入一般是打开碳酸盐岩的偏光显微图像,这个阶段从形式语言的角度上来说和其他自动机导入数据的过程实际上没有多大区别。唯一要注意的是,在有穷自动机导入碳酸盐岩的偏光显微图像时要注意先进行图像格式的检查,确保碳酸盐岩的偏光显微图像是有穷自动机能够识别的格式。碳酸盐岩的偏光显微图像的图像处理过程和其他图像处理过程接近,因此,在碳酸盐岩偏光图像的有穷自动机处理中可以借鉴其他类似的碳酸盐岩微层模式识别的有穷自动机的自然语言形式化过程。这一过程要注意研究团组中教师和学生程序员的协同方式,比如,研究团组中的教师用纸质手写推导过程的有穷自动机自然语言形式化过程,研究团组中的学生程序员有义务负责编程实现,研究团组中的教师由于有教学或其他科研事务,不一定都和学生在一起,应该尽可能地使用网络联系软件如 QQ、微信等及时回复学生的问题。

从苏北碳酸盐岩地区的碳酸盐岩图像分析岩溶研究中,在将有穷自动机的自然语言形式化过程时,要注意图像处理阶段使用的源代码公开的函数或控件的算法归纳,以自然语言形式化的方式将开源函数或控件的算法归纳到图像处理有穷自动机中。开源函数或控件的算法归纳应该是研究团组中所有成员都能理解的算法,如果地理信息系统的优秀硕士研究生归纳不出开源函数或控件的算法,说明开源函数或控件的算法难度大了。在开源函数或控件以算法归纳的方式引入有穷自动机时,要注意在算法流程图中加上算法注释,说明开源函数或控件的算法来源。在开源函数或控件以算法归纳的方式引入有穷自动机时,要注意开源函数或控件归纳的算法,不能和已有的碳酸盐岩图像分析岩溶研究的有穷自动机中的算法映射相冲突。如果发现开源函数或控件归纳的算法和已有的有穷自动机中的算法映射相冲突,那么可以在有穷自动机的算法迭代中修改有穷自动机的算法映射,以与开源函数或控件的算法相适配,这样才不会在碳酸盐岩图像分析岩溶研究的编程实现中出现必然出现的系统性调试错误。所以在碳酸盐岩图像分析岩溶研究中,有穷自动机形式化不能出现算法冲突与矛盾。

碳酸盐岩图像分析岩溶研究如果借助有穷自动机进行自然语言的形式化,必须重视有穷自动机的结果输出方式。但有穷自动机的结果输出方式,是受研究目的约束的。碳酸盐岩图像分析岩溶研究最主要的研究目的,是利用碳酸盐岩的偏光显微图像获得碳酸盐岩准确、可信的孔隙度值。通过借鉴有穷自动机在碳酸盐岩微层研究中的应用,碳酸盐岩的黑白二值化阈值图像是很好的有穷自动机输出结果。从形式逻辑上来看,碳酸盐岩的偏光显微图像被有穷自动机借助黑白二值化处理阈值将每个像素点区分为是或不是碳酸盐岩孔隙,黑色像素点代表是碳酸盐岩孔隙。从有穷自动机的输出结果来看,碳酸盐岩图像分析岩溶研究的有穷自动机输出是很明确的逻辑值是(否),表现为像素点为黑或白,是自然语言形式化后比较理想的结果输出方式。从自然语言形式化的一般过程来说,碳酸盐岩图像分析岩溶研究的自然语言形式化过程,是比较适合有穷自动机的形式化过程的。碳酸盐岩图像分析岩溶研究的有穷自动机的图像输入、图像处理和结果输出,有清晰的逻辑映射流程,比较容易加入开源函数或控件的归纳算法,最终的结果输出也是明确的二值化输出,易于程序员理解与编程实现。

3.4.3　有穷自动机的迭代

在利用图像分析法进行岩溶研究时,一定要进行算法的迭代优化。这种算法的迭代优化不能是无目的的迭代优化,应该有确定的目标值作为算法迭代优化逼近的对象。在确定用有穷自动机作为迭代算法的基础算法后,最理想的情况是图像分析法使用的玻片同时有对照岩石试件,按 TCRM 进行岩石孔隙度等碳酸盐岩水理性质研究;将 TCRM 获得的岩石孔隙度等碳酸盐岩水理性质研究结果作为算法迭代的目标值,和图像分析法研究结果相对比,以此进行图像分析法使用的有穷自动机进行迭代,是比较可行、可信的算法迭代。苏北地区有比较长的碳酸盐岩研究历史,如果历史上的苏北地区碳酸盐岩样品采集地点和图像分析法使用的玻片采集地点一致或相距不远,并且为同一地层岩石样品,其用 TCRM 获得的岩石孔隙度等碳酸盐岩水理性质研究结果也可以作为图像分析法的对比研究目标值。有穷自动机的迭代要注意迭代曲线的选择,迭代曲线最好是代码托管网站上有开源函数的曲线族,这样可以大幅度提高算法迭代的效率。有穷自动机和地学人工智能(GeoAgent)技术结合得比较紧密,算法迭代时要注意算法的开放性,让有穷自动机的迭代可以使用地学人工智能技术。

在碳酸盐岩图像分析岩溶研究中,如果确定使用有穷自动机作为碳酸盐岩的偏光显微图像的图像处理算法,则需要持续地改进有穷自动机以达到最大效果值。从理论上讲,碳酸盐岩图像分析岩溶研究使用的有穷自动机的输出结果,在最理想条件下,碳酸盐岩黑白二值图像获得的碳酸盐岩孔隙度值,应该和基于 TCRM 的碳酸盐岩孔隙度研究结果一致。但在实际的碳酸盐岩图像分析岩溶研究中,如果以基于 TCRM 的碳酸盐岩孔隙度研究结果为验证目标值,则碳酸盐岩图像分析岩溶研究得到的碳酸盐岩孔隙度值多数落在基于 TCRM 的碳酸盐岩孔隙度值结果的附近的一个区间内。如果这个区间很大,那么碳酸盐岩图像分析岩溶研究就没有意义了,说明碳酸盐岩图像分析岩溶研究结果和真实的碳酸盐岩孔隙度值差得很远,碳酸盐岩图像分析岩溶研究的结果很难让人相信或接受。所以,碳酸盐岩图像分析岩溶研究中,有穷自动机的迭代就是尽可能地缩小这一区间,使碳酸盐岩图像分析岩溶研究得到的碳酸盐岩孔隙度值,尽可能地接近基于 TCRM 的碳酸盐岩孔隙度值,一般这两个碳酸盐岩孔隙度的值会接近但不应该是完全相同的。如果碳酸盐岩图像分析岩溶研究得到的碳酸盐岩孔隙度值和基于 TCRM 的碳酸盐岩孔隙度值完全一致,说明研究过程中一定出了问题。

在碳酸盐岩地区的碳酸盐岩图像分析岩溶研究中,如果确定有穷自动机作为碳酸盐岩岩溶研究的算法,必须注意控制有穷自动机的映射尽可能少,以降低研究团组程序员在编程实现时的难度和复杂度。一个算法映射太多的有穷自动机,虽然算法映射的总量是有穷的,但算法映射太多,首先会影响研究团组中程序员对算法的掌握。在研究团组的程序员中,不是所有程序员的算法分析能力都是一样的。有穷自动机的算法映射数太多,必然导致研究团组中程序员理解算法所花的时间不一致,可能导致程序员的编程实现行为不同步,有的程序员已经完成了程序开发,而有的程序员还在做算法映射的推导,导致其他程序员必须等待其完成工作,极大地影响有穷自动机编程实现的效率。如果只是降低了有穷自动机编程实现的效率,那么科研项目不像商业项目有明确的工期时间要求,还是可以接受的。但如果有穷自动机算法映射的复杂度过高,导致研究团组中的程序员对算法映射的理解不一致,甚至有的程序员对算法映射的理解就是错误的,这样就会严重影响有穷自动机编程实现的准确性,干扰碳酸盐岩图像分析岩溶研究工作。因此,在有穷自动机的迭代过程中,必须严格控制有穷自动机算法映射的数量与复杂度。

　　在常见的有穷自动机图像处理研究中,经常将某些已知值作为目标比对逼近的对象,如指纹识别中常将已知身份的指纹图像作为目标比对的图像。碳酸盐岩地区的碳酸盐岩图像分析岩溶研究,从理论上讲是图像处理技术应用的分支之一,和其他领域的图像处理技术的应用应该是比较像的。所以在碳酸盐岩图像分析岩溶研究确定有穷自动机作为碳酸盐岩的偏光显微图像的研究算法之后,应该寻找合适、可信的值作为有穷自动机迭代的目标逼近值。一般认为基于 TCRM 的碳酸盐岩孔隙度值是比较可信的,基于 TCRM 的碳酸盐岩孔隙度值是碳酸盐岩图像分析岩溶研究中使用的有穷自动机的理想目标逼近值。在进行碳酸盐岩图像分析岩溶研究和基于 TCRM 的碳酸盐岩研究的对比研究中,要严格坚持有穷自动机导出的黑白二值化阈值应该是算法映射运行的结果,即碳酸盐岩图像分析岩溶研究所使用的有穷自动机迭代应该是通过算法映射的调整来实现的。在有穷自动机的迭代中,要坚持算法映射的调整应该从算子着手进行调整,并尽量从算法映射树的下层或底层选择算子进行调整的原则,以防算法映射得过大调整错失原本比较适合碳酸盐岩图像分析岩溶研究的算法。只有在算子调整无法实现对基于 TCRM 的碳酸盐岩孔隙度的目标逼近时,才可以更换有穷自动机的算法映射。

　　碳酸盐岩图像分析岩溶研究中使用的有穷自动机,在参照指纹识别等图像处理技术进行碳酸盐岩偏光显微图像的孔隙度识别时,要注意利用有穷自动机进行碳酸盐岩的偏光显微图像的黑白二值化阈值处理获得碳酸盐岩孔隙度时与模式识别有穷自动机的区别。碳酸盐岩的偏光显微图像获得碳酸盐岩的孔隙像素点的方法过程类似于模式识别。因此,模式识别中常用的机器学习等智能自动机的设置,是可以作为碳酸盐岩图像分析岩溶研究的有穷自动机的参考。在模式识别中经常使用的神经网络、小波分析等技术,都可以作为算法映射引入碳酸盐岩图像分析岩溶研究的有穷自动机。只是神经网络、小波分析等技术在算法上难度不小,在有穷自动机的编程实现时,研究团组中的教师要加强相应的代码审计工作,严格检查有穷自动机的神经网络、小波分析等技术的使用是否出现了错误。有穷自动机的迭代,要注意和模式识别的算法迭代相区别。对碳酸盐岩图像分析岩溶研究中使用的有穷自动机而言,有穷自动机在算法迭代时只需要以基于 TCRM 的碳酸盐岩孔隙度值为目标对比逼近值即可,实际需要考虑的可能影响有穷自动机的输出结果的因素要比模式识别少得多。因此,在有穷自动机的迭代过程中,可以借鉴类似的模式识别的算法迭代过程,但不能和模式识别的算法迭代过程完全相同。

　　苏北碳酸盐岩地区的碳酸盐岩图像分析岩溶研究中进行有穷自动机的算法迭代时,有时会使用以往历史上基于 TCRM 的碳酸盐岩研究结果数据库中的数据为目标逼近值进行目标逼近和算法迭代。在使用这些碳酸盐岩的 TCRM 历史研究结果数据库时,要注意同一个采样点的碳酸盐岩样本试件如果进行过多次的孔隙度值检测,则碳酸盐岩样本试件的孔隙度值应该是分布在一个区间中,因此碳酸盐岩岩溶研究的有穷自动机输出的孔隙度值应该是落在这个区间中的。所以,碳酸盐岩岩溶研究使用的有穷自动机在进行自动机的算法迭代时,是以数据库中同一采样地点的孔隙度最大值和最小值构成的区间为目标逼近的对象。如果碳酸盐岩图像分析有穷自动机输出的结果落在数据库孔隙度分布区间之外很远,说明有穷自动机的算法映射有必要完全更改,如果有穷自动机输出的结果离孔隙度分布区间不远,说明有穷自动机的算法映射是可行的,只要修改算法映射的算子即可。如果有穷自动机输出的结果落在数据库孔隙度分布区间之内,说明有穷自动机的算法映射是可靠的,此时只需要微调有穷自动机的算法映射,使有穷自动机的输出结果向数据库孔隙度分布区间的中位数靠近就可以了。

3.4.4　基于 TCRM 的岩溶室内模拟研究

基于 TCRM 的岩溶室内模拟研究结果是图像分析法算法迭代的目标值,必须确保基于 TCRM 的岩溶室内模拟研究结果的准确。所以基于 TCRM 的岩溶室内模拟研究必须全面模拟苏北地区的岩溶发生条件,包括温度、压力与岩溶水条件,这样才能实际反映苏北地区岩溶发育过程,为图像分析法岩溶研究提供准确的目标参数。在使用 TCRM 进行岩溶室内模拟研究时要注意,所有岩石试件在室内岩溶模拟实验中应该使用同一室内模拟实验装置,实验中不建议更换实验装置。在实验中如果室内模拟实验装置出现损坏,笔者的做法是停止实验修复设备再从头开始进行实验。在基于 TCRM 的岩溶室内模拟实验研究中,不能忽视基层地质工作者的经验和发现。笔者曾碰到基层地质工作者将碳酸盐岩样本丢入汽油浸泡若干时间后取出,表面擦干净后用精密天平称重并记录,然后丢入火中后取出,再用精密天平称重,结合汽油的密度用两次称重的质量差计算碳酸盐的孔隙度。从表面上看,这至少不是教科书上的传统碳酸盐岩研究方法,但实际上这种方法得到的碳酸盐岩试件的孔隙度和笔者按 TCRM 获得的孔隙度值非常接近。考虑到这种方法的成本远比 TCRM 的成本低,研究速度也比 TCRM 快,计算的劳动强度也低得多,这种方法的存在还是有价值的。笔者并非说要在实验室中使用这种方法,事实上在实验室中使用汽油是需要审批并获得相应消防资质的,研究生也缺少基层地质工作者对汽油的使用经验,因此,直接在实验室中使用汽油进行碳酸盐岩研究是危险且不可取的。但我们必须重视基层地质工作者在碳酸盐岩的 TCRM 研究中的丰富经验和特别创新,不应该因为职称或职务而忽视他们的意见和发现,至于用学历来作为否定基层地质工作者的贡献那更是等而下之了。

在苏北碳酸盐岩地区进行基于 TCRM 的碳酸盐岩岩溶室内模拟研究,必须注意研究的目的是为碳酸盐岩图像分析岩溶研究提供对比研究数据。碳酸盐岩图像分析岩溶研究最常见和最容易得到的碳酸盐岩指标就是碳酸盐岩的孔隙度指标和岩溶发育速度指标。所以在苏北碳酸盐岩地区进行基于 TCRM 的碳酸盐岩岩溶室内模拟研究时,要重点关注碳酸盐岩的孔隙度和岩溶发育速度的研究。从节约研究经费角度出发,在使用碳酸盐岩玻片完成碳酸盐岩的孔隙度或岩溶发育速度研究时,应该先检查基于 TCRM 的碳酸盐岩历史研究数据中有没有碳酸盐岩玻片相同采样点的碳酸盐岩孔隙度或岩溶发育速度研究数据,如果同时找到同一个采样点两个以上的碳酸盐岩孔隙度研究结果,是碳酸盐岩岩溶研究中比较理想的情况,可以在碳酸盐岩的历史孔隙度值中找出最大值和最小值,如果碳酸盐岩历史孔隙度值是保存在数据库或 Excel 表中,可以直接使用 max 和 min 函数获得最大值和最小值,构建该碳酸盐岩采样点的碳酸盐岩孔隙度值历史分布区间,作为碳酸盐岩图像分析岩溶研究的有穷自动机目标逼近区间。如果只找到一个碳酸盐岩的历史碳酸盐岩孔隙度值,可以将该碳酸盐岩孔隙度值加减 0.001,从而形成碳酸盐岩的历史孔隙度值分布区间。

如果在基于 TCRM 的碳酸盐岩历史研究数据中找不到碳酸盐岩玻片对应的碳酸盐岩样本采集点的孔隙度研究数据时,只能使用基于 TCRM 的碳酸盐岩岩溶室内模拟实验获得碳酸盐岩图像分析岩溶研究所需要的对比研究数据。这种对比研究数据一般是碳酸盐岩的孔隙度,要在基于 TCRM 的碳酸盐岩岩溶室内模拟研究中获得碳酸盐岩的孔隙度值作为对比研究的依据。基于 TCRM 的碳酸盐岩岩溶室内模拟研究中获得碳酸盐岩的孔隙度值的方法很多,有分形法、浸泡法和压渗法等。用碳酸盐岩的分形来研究碳酸盐岩的孔隙度,部分硕士研究生难以掌握。使用浸泡法进行碳酸盐岩的孔隙度计算,虽然研究目的单一,但研究成本相对压渗法高。碳酸盐岩通过压渗法计算孔隙度值,是很好的碳酸盐岩孔隙度研究方法。由于碳酸盐岩通过压渗法计算孔隙度值时可以结合碳酸盐岩采样地点的岩溶水水压与温度设置,顺便为其他研究目的服务,可以明显缩短碳酸盐岩研究的时间与减少成本,使碳酸盐岩的孔隙度研究成为某项研究的副产物,极大地降低了碳酸盐岩孔隙度研究的成本。因此,在基于 TCRM 的碳酸盐岩孔隙度研究中,最好通过使用碳酸盐岩的压渗法获得供碳酸盐岩图像分析岩溶研究作对比研究数据的碳酸盐岩孔隙度。

在基于 TCRM 的碳酸盐岩孔隙度研究中通过使用碳酸盐岩的压渗法获得孔隙度时,最好在同一个采样地点使用 3 个以上的碳酸盐岩样本试件进行压渗法孔隙度测试。同一个采样地点的不同碳酸盐岩样本试件用压渗法获得的碳酸盐岩孔隙度值在数值上应该是不同的,不管小数点后有几位都是一样的,碳酸盐岩孔隙度本身不应该是数值相等的。3 个以上的碳酸盐岩样本试件通过压渗法获得的碳酸盐岩的孔隙度,一定有最大值和最小值,这样就可以获得供碳酸盐岩图像分析岩溶研究所需要的碳酸盐岩孔隙度分布区间作为目标逼近区间。如果是合腔的原因导致合腔的碳酸盐岩样本试件只有 1～2 个,也可以获得碳酸盐岩图像分析岩溶研究所需要的孔隙度目标逼近区间。如果使用的是两个碳酸盐岩样本试件,则用压渗法获得的碳酸盐岩孔隙度一定有差别,这样也可以构建碳酸盐岩图像分析岩溶研究所需要的碳酸盐岩孔隙度目标逼近区间。如果使用的是一个碳酸盐岩样本试件,则将压渗法获得的碳酸盐岩孔隙度加减 0.001,就可以构建碳酸盐岩图像分析岩溶研究所需要的碳酸盐岩孔隙度目标逼近区间。因此,在碳酸盐岩样本试件在合腔通过的试件不足 3 个时不用沮丧,也可以用合腔的碳酸盐岩样本试件用压渗法获得碳酸盐岩图像分析岩溶研究所需的碳酸盐岩孔隙度目标逼近区间。

碳酸盐岩图像分析岩溶研究有穷自动机输出的结果不仅是碳酸盐岩的孔隙度,还有碳酸盐岩的岩溶发育速度。碳酸盐岩图像分析岩溶研究获得的碳酸盐岩的岩溶发育速度是否可靠,需要可信的岩溶发育速度研究结果来验证。基于 TCRM 的碳酸盐岩岩溶室内模拟研究获得的碳酸盐岩岩溶发育速度尤其适合作为碳酸盐岩图像分析岩溶研究的目标逼近值。这是因为在基于 TCRM 的碳酸盐岩岩溶室内模拟研究中,在实验室再现了碳酸盐岩地层的岩溶水压力与温度条件,和碳酸盐岩地层岩溶作用发生的地学背景比较吻合,因此,容易得到研究碳酸盐岩学者的认可,一般认为,这样获得的碳酸盐岩样本试件的岩溶发育速度是可信的。所以碳酸盐岩样本试件用基于 TCRM 获得的碳酸盐岩岩溶发育速度值是很好的碳酸盐岩图像分析岩溶研究的目标逼近和算法迭代的依据。在实际碳酸盐岩研究中,最好一次使用 3 个以上的碳酸盐岩样本试件获得碳酸盐岩的岩溶发育速度,在此基础上构建碳酸盐岩岩溶发育速度分布区间,作为碳酸盐岩图像分析岩溶研究的岩溶发育速度目标逼近区间。和碳酸盐岩的孔隙度研究类似,碳酸盐岩的岩溶发育速度室内模拟研究也会遇到合腔问题,解决的办法和碳酸盐岩孔隙度研究类似。

3.4.5　基于16S rDNA 技术的岩溶微生物研究

16S rDNA 技术是应用比较广泛的微生物研究技术,也可以用于岩溶研究。和其他使用 16S rDNA 技术进行的微生物研究相比,使用 16S rDNA 技术进行岩溶微生物研究有很多独有的特点。碳酸盐岩地层往往有很多非碳酸盐岩矿物,常见的有黄铁矿、钾钠长石等。岩溶水中的微生物,为维持自身生存可能与这些矿物发生一些化学反应,改变岩溶水的水化学指标,进而影响当地碳酸盐岩地层的岩溶发育过程,这是苏北地区岩溶微生物研究中最关心的科学问题。岩溶水中的微生物,往往有经过地表岩溶土壤渗透进入岩溶水的过程,岩溶微生物的研究不能忽视对岩溶土壤微生物的研究。在很多代码托管网站上,有很多开源的为 16S rDNA 技术而开发的 R 语言函数或开发包(SDK),非常适合 GIS学者使用,所以在岩溶研究的结果表达中,不能忽视 16S rDNA 技术的应用。

碳酸盐岩地区的岩溶微生物研究,主要是针对碳酸盐岩地区的岩溶水和岩溶土壤的样本进行岩溶微生物研究。碳酸盐岩地区的岩溶水样本种类比较多,应该尽可能地在采样时涵盖主要的岩溶水类型。

碳酸盐岩地区岩溶土壤的分布面积一般很广,碳酸盐岩地区的岩溶土壤采集难度不大。在碳酸盐岩地区进行岩溶土壤的采集,要注意尽量避免在农业耕作地区或动物饲养地区进行,以免岩溶土壤样本受到人类农业活动的干扰,无法区分哪些是自然来源的微生物,哪些是人工来源的微生物。岩溶土壤的采集,要注意控制数量,单次采集的岩溶土壤样本不宜超过 150 g,以免累积土壤样品的质量过重而致研究人员携带困难。碳酸盐岩地区采集的岩溶土壤样品,应该包括碳酸盐岩地区主要的土壤类型。为防止地表植物对岩溶土壤样本的干扰,建议先在岩溶土壤的表面挖出 15 cm 左右的剖面再进行岩溶土壤样本的采集。如果在岩溶土壤剖面上发现残留的植物根系,最好继续向下挖掘一定深度,具体深度根据岩溶土壤剖面的现场而定,再进行岩溶土壤样本的采集。在岩溶土壤剖面如果发现动物活动痕迹,如蚂蚁、蚯蚓等,也需要继续向下挖掘一定深度,才能进行岩溶土壤样本的采集。苏北碳酸盐岩地区的岩溶土壤采集,要注意涵盖苏北碳酸盐岩地区主要的土壤种类,在土壤采样前要事先做好图上作业以确定足够的岩溶采样点,以免遗漏某个苏北碳酸盐岩地区采样点的岩溶土壤样本。

3.4.6　基于移动 GIS 与数据库检索技术的岩溶研究

同一地区碳酸盐岩地层的岩溶发育速度是可以相互借鉴的,在进行岩溶研究时也需要经常检索地质资料。传统的纸质资料检索比较费时,有时难以满足现场岩溶研究的需要。利用人眼凭借经验对碳酸盐岩的水理性质指标进行判断,目前准确率还被期待能进一步提高。利用移动 GIS 技术使用手机图像,上传后借助服务器端的图像识别函数进行岩性识别,交操作者确认后调用数据库中对应地层的历史记录,是比较好的岩溶研究手段。这样做需要先进行碳酸盐岩岩溶数据库的建设,将不同地层的碳酸盐岩孔隙度、岩溶发育速度等岩溶指标作为数据库表的不同列输入数据库。为保证研究的可靠,碳酸盐岩数据库中表的记录总数不能太少,记录总数太少会严重影响岩溶研究的准确性。利用移动 GIS 技术开发的岩溶 App 必须经过足够的测试,确保在苏北地区现场使用时不会出现 Bug。岩溶 App 的系统设计必须仔细设计,正确区分手机本地数据和网络数据使用的区别,确保在手机没有信号的地区也可以使用 App 进行岩溶研究。岩溶 App 使用的服务器的安全性必须得到保证,软件和硬件加密技术都必须得到重视。目前苏北碳酸盐岩地区积累的碳酸盐岩图像的数量,如果要想做到准确的碳酸盐岩岩性识别,还有待于未来的研究积累。目前的苏北碳酸盐岩地区的碳酸盐岩图像的数量,可以通过机器学习的方式使 App 给出参考岩性地层识别结果,准确的岩性地层区分需要 App 使用者的人工干预,如果岩性地层的识别结果正确就可以直接点下一步,如果岩性地层的识别结果不是很准确,那么就需要 App 使用者从下拉框中手动选择准确的岩性地层,这样才能保证 App 对岩性地层的识别准确度不会低于 App 使用者的经验判断。

在碳酸盐岩的岩溶研究中,岩溶信息系统是重要的研究方向。碳酸盐岩岩溶研究的各种资料可以借助岩溶信息系统,以 MIS(管理信息系统)或 ERP 的架构,以客户端应用程序或移动端 App 的方式,实现对碳酸盐岩岩溶研究的技术支持。这个技术支持可以以多种架构来实现,如果现有的碳酸盐岩历史研究数据不多,就可以使用 MIS 的方式进行碳酸盐岩岩溶研究的技术支持;如果碳酸盐岩历史研究数据积累得比较丰富,那么就比较适合使用 ERP 的方式来实现技术支持。苏北碳酸盐岩地区积累了一定的碳酸盐岩岩溶研究数据,目前是按照 MIS 的方式实现对碳酸盐岩岩溶研究的技术支持,从长远来看,会逐步过渡到苏北碳酸盐岩地区科学研究 ERP 中。岩溶信息系统中使用的 MIS 或 ERP,在苏北碳酸盐岩地区是按照 CS 模式(客户机-服务器模式)进行研发的。不是说在岩溶信息系统中不能使用 BS 模式(浏览器-服务器模式),而是在苏北碳酸盐岩地区使用的 ERP 更适合采用 CS 模式。苏北碳酸盐岩地区的岩溶信息系统研究采用的是 CS 模式,研究团组携带的便携式笔记本电脑和各种移动设备,实际上是作为数据采集工具和数据显示终端而使用的,大量的数据处理任务是在服务器端完成的。

在碳酸盐岩地区使用移动端设备进行碳酸盐岩的岩溶研究时,不可避免地要使用诸如手机、平板电脑等移动端设备。这些移动端设备的操作系统是不一样的,常见的有安卓、IOS 或鸿蒙等,少数移动端设备还使用了 Windows Mobile

等操作系统。碳酸盐岩地区岩溶信息系统的研究团组无法做到像商业 App 那样,为每种主流移动端操作系统开发一个 App。部分移动端操作系统如 IOS 是闭环的,App 的应用商店上架也不完全是免费的。苏北碳酸盐岩地区岩溶信息系统编程实现是全部使用 WEB App 方式进行移动端 App 的开发。这是因为用 WEB App 方式开发的 App 对各种不同的操作系统比较友好,可以完美地兼容多数移动端操作系统。苏北碳酸盐岩地区用 WEB App 方式开发的 App 实际上只是移动端的外壳,主要的编程集中在服务器端,所以完美兼容安卓、Windows Mobile、IOS 或鸿蒙(其他操作系统暂时没有测试设备)。地理信息系统专业的硕士研究生做 App 开发是合适的,但做网络安全开发要求就高了,不是所有地理信息系统专业的硕士研究生能进行的。而 WEB App 方式开发的 App 只是移动端安装的外壳,全部开发代码是集中在服务器上。因此,只要做好服务器的硬防火墙防护方案,就可以挡住多数的黑客入侵,即使发生黑客更改服务器信息,只要将服务器用数据备份还原就可以轻易恢复服务器的使用。地理信息系统专业的硕士研究生只需要做 App 开发即可,不用考虑网络安全攻防问题,那有研究团组中的教师解决,当然教师也不能忽视代码审计的重要性。

使用移动端的 GIS 技术进行碳酸盐岩岩溶研究,一定要有数据库的配合。常见的适合移动端的数据库有很多,ORACLE 和 SQL SERVER 都是很好的数据库软件,在国内有良好的口碑。但 ORACLE 和 SQL SERVER 数据库都是商业数据库软件。苏北碳酸盐岩地区使用的 MIS 或 ERP,一般认为是科研应用而不是商业应用,但为避免与商业数据库公司的争议,苏北碳酸盐岩地区使用的 MIS 或 ERP 一律将开源免费数据库作为后台数据库。开源免费数据库对苏北碳酸盐岩研究团组而言最大的优点是免费,其次是数据库源代码公开。当然开源免费数据库也有缺点,那就是在移动端访问数据库时稳定性还有待提高,有时会出现数据库运行故障。这里要特别说明,科研 App 的使用人群是固定的,就苏北碳酸盐岩岩溶研究而言,科研 App 的使用者一般是本研究团组的成员或本研究团组邀请的客座人员,不需要吸引其他人群来使用科研 App。而商业 App 就需要考虑用户体验,尽可能多地吸引安装者壮大使用人群。所以商业 App 对数据库的稳定性要求比科研 App 高,必须保证商业 App 使用的数据库的稳定性。而科研 App 使用人群固定,稳不稳定都会使用,那么数据库的稳定性就可以放在第二位,重点考虑 App 的开发成本了。

在碳酸盐岩地区使用移动地理信息系统技术和数据库技术进行碳酸盐岩的岩溶研究,一定会使用服务器作为移动端设备的支持设备。那么什么样的服务器对苏北碳酸盐岩岩溶研究合适呢? 一个理想的服务器,当然是安全的服务器,应有系统的安全解决方案,包括硬防火墙和软防火墙的搭配使用。但理想的服务器运营费用很贵,即使不算服务器本身的价格,其托管的成本也很高,哪怕在单位信息中心内部托管的成本也很高。苏北碳酸盐岩图像分析岩溶研究的研究团组成员,多数没有受过系统的网络攻防之类的网络安全教育,不能要求研究团组的成员负责服务器的安全。所以在苏北碳酸盐岩图像分析岩溶研究中,应该区分内外网服务器,分别用于保存不同等级的岩溶研究数据。内网服务器由于不接入互联网,网络安全性更容易得到保证。外网服务器由于接入互联网,必须重视服务器和数据库的日常备份设置,及时检查服务器有无各种 SQL 注入现象。如果发现外网服务器被 SQL 注入导致科研 App 的页面运行结果发生修改,要及时将数据库进行备份还原,确保科研 App 的正确运行。

3.5　可行性分析

本项目的研究主要通过图像分析法和基于 TCRM 的岩溶室内模拟研究的对比实现。需要的研究样本主要是碳酸盐岩样本、岩溶土壤和岩溶水样本。这些样本的采集难度不大,研究的可行性很高。碳酸盐岩样本加工成玻片和试件的成本不高。利用偏光显微镜采集玻片图像比较枯燥,可以通过增加班组轮换次数的方式降低枯燥感造成的错误。在进行算法迭代和目标值逼近中,可以采取分组验算的方式进行算法迭代和目标值逼近的检查。地理科学学院开设的有移动 GIS 与 App 开发课程,自行组织开发 App 的难度不大,也有能力完成

App 的维护。目前苏北及其邻近碳酸盐岩地区公开发表的历史研究数据很多，足以支持岩溶研究 App 的开发。

3.5.1　技术可行性分析

苏北碳酸盐岩地区使用图像分析法进行岩溶研究在技术上完全可行。目前信息技术的进步，使计算机硬件、图像分析软件都比较成熟，为苏北碳酸盐岩地区使用图像分析法进行岩溶研究奠定了坚实的基础。从西南大学地理科学学院的地理信息系统本科专业与硕士学位点的培养状况来看，本院师生应该具有岩溶图像分析研究的能力，因此，岩溶图像分析研究需要的人才也比较好解决。在目前的 SCI 期刊中，有很多免费阅读的 OA 期刊，这些期刊提供的 OA 论文也为碳酸盐岩图像分析岩溶研究提供了良好的技术支持。本校在苏北地区也可以进行碳酸盐岩的岩溶室内模拟研究。由于本院开设有编程类课程，在高年级本科生中容易找到负责编程实现的程序员。本校信息中心有完整的服务器提供方案，碳酸盐岩岩溶研究所需要的服务器也比较好解决。本校所在地可以进行碳酸盐岩试件加工的石材加工部门比较多，碳酸盐岩样本试件和碳酸盐岩玻片的加工成本可以被研究团组接受。本校研究生中开设的有微生物研究方向，碳酸盐岩研究团组比较容易找到岩溶微生物的研究人员。本校多个实验室有完善的微生物研究设备，可以进行基于 16S rDNA 技术的岩溶研究。因此，目前在苏北碳酸盐岩地区使用图像分析技术进行岩溶研究在技术上是完全可行的，没有发现难以解决的科学性问题。

3.5.2　成本可行性分析

苏北碳酸盐岩地区使用图像分析法进行岩溶研究在成本上完全可行。由于苏北碳酸盐岩地区历史研究数据的使用并不会新增费用，因此对苏北历史研究数据的使用不会增加很多成本。在重庆碳酸盐岩样本试件和玻片的加工成本不高，即使大量使用碳酸盐岩的试件和玻片也不会增加很多成本。通过碳酸盐岩玻片采集碳酸盐岩的偏光显微图像所使用的偏光显微镜,是本院已经购置的设备,不需要新增设备支出。苏北碳酸盐岩地区的碳酸盐岩图像分析岩溶研究中广泛使用了开源软件而不是商业软件进行科研 App 的开发,因此,科研 App 的研发成本不高,是研究团组目前可以承受的。笔者需要经常往返苏北,因此,苏北碳酸盐岩地区图像分析岩溶研究中最大的人员差旅支出基本可以忽略。苏北碳酸盐岩图像分析岩溶研究的研究团组主要由本院教师和学生组成,人力成本不是碳酸盐岩图像分析岩溶研究主要考虑的问题。本校多个实验室和本地商业企业可以进行基于 16S rDNA 技术的岩溶研究,因此,苏北碳酸盐岩地区的岩溶微生物的研究成本是可控且可以接受的。目前在苏北碳酸盐岩地区使用图像分析技术进行岩溶研究在成本上是完全可行的,没有发现难以解决的财务问题。

3.5.3　收益可行性分析

　　苏北碳酸盐岩地区使用图像分析法进行岩溶研究在收益上完全可行。通过碳酸盐岩图像分析岩溶研究,可以得到苏北碳酸盐岩平均孔隙度和平均岩溶发育速度,这对碳酸盐岩地区的工程建设十分重要,借此可以计算岩溶微生物对岩溶作用的影响,对当地农业生产进行科学预计,并可以借助碳酸盐岩的平均岩溶发育速度估算地质作用对苏北碳汇的影响。在本书的帮助下,预计可以培养 5～10 人的学术型硕士研究生、10 人左右的高年级本科生的科研参与、5～10 名可以进行碳酸盐岩图像分析岩溶研究的程序员、5 名左右熟悉碳酸盐岩样品试件和碳酸盐岩玻片加工过程的研究人员、5 名左右熟悉碳酸盐岩室内模拟岩溶研究的研究人员、5 名左右熟悉 16S rDNA 技术的岩溶微生物研究人员。培养这些专业人员是本书重要的社会贡献。因此,目前在苏北碳酸盐岩地区使用图像分析技术进行岩溶研究在收益上是完全可行的,可以创造良好的社会效益和经济效益。

3.6　工作条件

西南大学地理科学学院目前已经建设有同位素实验室、地质实验室和 GIS 实验室,能够进行碳酸盐岩的分切、磨片、抛光、烘干、扫描和岩溶室内模拟研究。西南大学有基因测序实验室和水分析实验室,可以进行自养硝化菌和脱氮硫杆菌的基因测序、菌种分离和电镜扫描等工作。学校所在地也有大量商业企业从事类似工作,报价和工作周期也可以接受。西南大学有测绘实验室,可以承担岩溶地质测量工作。

3.6.1　碳酸盐岩图像分析岩溶研究的硬件条件

在苏北碳酸盐岩地区进行碳酸盐岩图像分析岩溶研究对硬件的要求不高。图像采集的硬件设备主要使用的是岩石偏光显微镜。偏光显微镜从分辨率上来说不是最高的岩石图像采集设备,却是西南地区高校实验室中广泛装备的岩石图像采集设备。使用偏光显微镜作为碳酸盐岩显微图像的采集设备,有利于将本书使用的研究方法进行推广。使用更高分辨率的岩石图像采集设备当然是很好的,本校有分辨率更高的岩石图像采集设备,但为了能更好地实现便于其他学校的同行重复本研究,最终决定使用偏光显微镜作为主要的碳酸盐岩岩石图像采集工具。图像分析岩溶研究对计算工具的硬件要求也不是很高,一般天梯图正向排名 1 000 以内的 CPU 配上主流内存(8 ~ 16 G)的 PC 就可以满足图像分析岩溶研究的硬件要求了。由于图像分析岩溶研究需要程序员进行协同编程开发,所以如果能有服务器作为编程平台是很理想的硬件平台。科研 MIS 和科研 App 的用户量不像商业 MIS 和 App 那么大,所以服务器能够负担的 IIS 并发要求并不高。服务器的上下行网络使用要求可以参照 IIS 并发的数量配置。如果可能,注意在服务器前端加上硬防火墙以防网络安全事件。苏北碳酸盐岩地区对使用的移动端设备如手机、平板电脑的要求不高,目前研究团组成员的手机基本上都是 2018 年以后上市的旗舰机,基本都可以满足苏北碳酸盐岩地区图像分析岩溶研究的需要。由于碳酸盐岩研究数据的重要性,建议使用硬盘阵列保存碳酸盐岩的研究数据,以确保碳酸盐岩研究数据的安全。

3.6.2 碳酸盐岩图像分析岩溶研究的软件条件

在苏北碳酸盐岩地区进行碳酸盐岩的图像分析岩溶研究对软件的要求不高。在研究团组具有编程能力的前提下,建议优先以团组人员熟悉的编程语言以图像编程的方式进行碳酸盐岩的图像分析岩溶研究。在团组人员的图像编程中,应该尽可能地使用网上开源的代码、函数和控件(开源代码、函数和控件的原笔者声明应该保留),团组人员的原创代码值得鼓励并在条件成熟时开源供其他学者进一步完善。在研究团组不具备编程能力时,在条件允许时可以使用通用的图像分析软件如 Photoshop 等。当研究团组经费不足时,可以使用网上开源的图像分析软件。因此,碳酸盐岩图像分析岩溶研究的软件条件是比较容易做到的。在苏北碳酸盐岩地区的历史碳酸盐岩研究中,广泛使用了 c#作为编程工具。为保证以往的研究成果可以得到使用,苏北碳酸盐岩地区的碳酸盐岩图像分析岩溶研究主要使用 c#作为编程工具,对目前比较新的编程语言以页面嵌入的方式引入。为保证基于移动 GIS 的科研 MIS 和科研 App 的使用,苏北碳酸盐岩地区岩溶研究中使用的服务器主要使用 Windows 系列服务器操作系统。苏北碳酸盐岩地区岩溶研究科研 MIS 和科研 App 主要使用开源数据库开发。苏北碳酸盐岩地区岩溶研究科研 MIS 和科研 App 使用的中间件,主要为 IIS,较少使用其他中间件。苏北碳酸盐岩地区岩溶研究科研 MIS 和科研 App 使用的函数和控件,优先选择基于 JavaScript 的开源函数和控件。苏北碳酸盐岩地区岩溶研究科研 MIS 和科研 App 中的移动服务功能,早期是使用 Google 的开源 JavaScript SDK 开发,目前逐步将移植到国产免费的 SDK。JavaScript SDK 对苏北碳酸盐岩地区的科研 MIS 和科研 App 中的移动服务功能非常重要,一定要妥善选择后尽量不要更换 JavaScript SDK 供应商,否则工作量太大,意味着很多以前的碳酸盐岩研究成果都必须重新编程开发。商业 JavaScript SDK 供应商有时会采取半开源的推广策略,此时要注意分析在苏北碳酸盐岩地区的科研 MIS 和科研 App 中引入这些 JavaScript SDK 是否有经费风险导致科研 MIS 和科研 App 研发的失败。

3.6.3　TCRM 岩溶室内模拟研究的硬件条件

在苏北碳酸盐岩地区进行碳酸盐岩的 TCRM 岩溶室内模拟研究对硬件的要求也不是很高,但对硬件的设计要求比较高。在研究团组具备硬件设计能力的前提下,建议使用研究团组根据苏北碳酸盐岩地区岩溶基本条件而自行设计的室内模拟研究装置。需要注意的是在 TCRM 岩溶室内模拟研究的硬件设计时,要考虑苏北碳酸盐岩地区的压力、温度和水化学条件。在研究团组不具备硬件设计能力时,建议仔细分析研究区的岩溶基本条件,分项购买碳酸盐岩岩溶室内模拟研究的硬件设备,如单轴抗压强度测定仪等。从总体上讲,不管是外购还是自行设计组装,在碳酸盐岩地区进行碳酸盐岩的 TCRM 岩溶室内模拟研究对硬件的要求都不是很高,对经费的要求也是普通科研人员可以接受的。

碳酸盐岩岩溶室内模拟研究,一定要有碳酸盐岩岩溶室内模拟研究设备,在实验室内再现碳酸盐岩地层间岩溶水的压力与温度条件,从而模拟碳酸盐岩在碳酸盐岩地层中的岩溶发育过程。这个碳酸盐岩岩溶室内模拟研究设备必须能够在实验室内再现碳酸盐岩地层间岩溶水的压力与温度条件,商业化的成品很难满足现有的碳酸盐岩岩溶研究需要,最好自行设计制造。由于碳酸盐岩的岩溶室内模拟研究装置多数都是金属件,所以生产加工的成本并不是很高。

碳酸盐岩岩溶室内模拟研究设备使用的碳酸盐岩样本试件根据研究目的的不同,加工的形制要求也不相同。但同一研究目的的碳酸盐岩样本试件形制应该是一致的。和碳酸盐岩岩溶室内模拟研究装置的零件公差问题一样,可以采用前述合膛方式加以解决。碳酸盐岩试件的加工成本不高,可以作为耗材大量加工。碳酸盐岩玻片加工中的公差问题不大,在用偏光显微镜采集偏光显微图像时获得的碳酸盐岩的偏光显微图像的大小都是一致的。碳酸盐岩在进行岩溶室内模拟研究时,要注意岩溶水中 CO_2 的补充,最好每隔一段时间就以人工吹气的方式进行岩溶水中 CO_2 的补充,这种方法最经济。碳酸盐岩在进行岩溶室内模拟研究时,要注意岩溶水中水温的控制。苏北碳酸盐岩地区的岩溶水水温在夏天一般是低于重庆室内温度的,所以要注意采用降温措施维持岩溶水的温度。如果使用空调来维持室内温度,最好把空调温度调低些,或在碳酸盐岩岩溶室内模拟研究装置的合适位置放置适量的冰块维持岩溶水的水温。在基于 TCRM 的碳酸盐岩岩溶室内模拟研究中,要做好停电的预案,实验室要常备一些冰块以防停电导致岩溶水水温升高。

碳酸盐岩岩溶室内模拟研究设备对岩溶水的加压方式有很多种。基于 TCRM 的碳酸盐岩岩溶室内模拟研究只需要得到岩溶水有水压的结果就可以了,具体以何种方式实现岩溶水的加压,在碳酸盐岩岩溶室内模拟研究设备的设计阶段就应该完成。碳酸盐岩岩溶室内模拟研究设备对岩溶水的加压方式必须是可持续的,可能会持续若干天;还必须是恒压的,在岩溶室内模拟研究中,岩溶水的压力不应发生改变;加压成本必须是可以接受的。不同地区岩溶水加压成本不同,可以选择最适合自己研究团组的岩溶水加压方式。由于岩溶水是接入碳酸盐岩的岩溶室内模拟研究装置,所以岩溶水的加压过程是在碳酸盐岩岩溶室内模拟研究装置以外完成的,可以使用独立的岩溶水加压设备。这个独立的岩溶水加压设备可以使用商业加压设备,前提是加压稳定、安全且经济。为防止产生研究依赖,岩溶水的加压设备应该有两个供应来源。在苏北碳酸盐岩地区进行的基于 TCRM 的碳酸盐岩岩溶室内模拟研究中,主要使用的是商业油压加压设备。这是因为油压加压比较稳定,加压时噪声较小,操作比较简单,操作人员不容易出安全事故,运营成本相对而言可以接受,日常的多数维护工作可以依赖研究团组仔细解决。基于以上优点,油压加压仍是岩溶水可靠、可行的加压方式。

3.6.4　岩溶微生物研究的硬件条件

在苏北碳酸盐岩地区进行岩溶微生物研究对硬件的要求也不是很高,但对采样要求比较高。从理论上讲,从苏北采集的富含岩溶微生物的岩溶土壤和岩溶水的样本,最好是使用专用车辆在几小时内尽快送回实验室。但实际上很难避免在岩溶微生物的样本采集后运回实验室的过程中使用公共交通工具,而使用公共交通工具返回实验室的时间就比较难以控制了,未必能当天送回实验室。所以在使用公共交通工具返回实验室时,一定要注意使用专业设备运送岩溶微生物样本。这种专业设备应该是民航或铁路部门能够接受的。岩溶微生物研究的实验室硬件条件就是微生物实验室硬件条件,一般不新增岩溶微生物实验室,借助已有的微生物实验室或商业公司的硬件设备就可以了。

在确定进行岩溶微生物研究时,要谨慎分析现有实验室的装备情况和人力资源情况,是否适合用 16S rDNA 技术进行碳酸盐岩的岩溶微生物研究。苏北碳酸盐岩地区碳酸盐岩图像分析岩溶研究团组所在的研究机构,是有比较完备的微生物研究实验室的。但这并不意味着这些微生物实验室每次都可以用来进行碳酸盐岩的岩溶微生物研究,因为这些微生物实验室往往有比较重的其他科研任务,而不是仅仅为碳酸盐岩地区的岩溶微生物研究服务。所以在碳酸盐岩的岩溶微生物研究中,一定要有 A、B 两个方案,A 方案是将碳酸盐岩地区采集的岩溶水或岩溶土壤样本送入本校微生物研究实验室,由本校微生物研究实验室进行针对岩溶微生物的基于 16S rDNA 技术的研究。B 方案是在本校微生物研究实验室任务紧张无法接待碳酸盐岩岩溶微生物研究时,请高校附近的专业商业公司速来取样,委托商业公司进行针对岩溶微生物的基于 16S rDNA 技术的研究。商业公司的业务能力与诚信情况有很大区别,对于诚信良好业务能力也很好的商业公司是要花费很多次失败才找到的,建议长期合作,不要轻易更换。

第4章　研究结果

4.1　研究结果概论

  本书主要是通过图像分析法和 TCRM 对比研究进行的,其主要表现为图像分析法和 TCRM 的结果。本书中的研究结果并不是本研究的全部结果。由于在通过图像分析法和 TCRM 进行对比研究时,算法的迭代也是重要的研究方法,所以本书的结果也表现为算法及其迭代过程。从本书的结果看,苏北碳酸盐岩地区是有比较典型的岩溶作用分布的地区,图像分析法和 TCRM 的结果也互不矛盾,可以视为彼此支持;在利用 TCRM 的结果进行算法迭代中,有穷自动机是比较好的岩溶研究算法。在算法的迭代中,马鞍曲线起着非常重要的作用。本书认为在通过图像分析法和 TCRM 进行对比研究时,逼近法是比较理想的算法迭代方式。本书使用的逼近法是以 TCRM 研究结果为目标,以图像分析法研究结果为参照,逐步修正碳酸盐岩玻片偏光图像的图像处理算法的过程。从本书的科研实践来看,逼近法是可行、可信并可以重复的。本书主要使用 2010、2013 和 2017 年的历史研究数据,研究的样本数量还可以进一步增加。

  苏北碳酸盐岩地区的碳酸盐岩图像分析岩溶研究中,有穷自动机的迭代取得了良好的结果。通过苏北碳酸盐岩地区的碳酸盐岩图像分析岩溶研究,发现碳酸盐岩的偏光显微图像的黑白二值化阈值处理算法是非常合适的碳酸盐岩孔隙度和岩溶发育速度的计算依据。通过有穷自动机算法映射的推导,得到适合的碳酸盐岩的偏光显微图像的黑白二值化处理的阈值,进而得到碳酸盐岩的黑白二值化图像,通过单色像素点占总像素点的百分比获得碳酸盐岩的孔隙度,进而通过同一碳酸盐岩样本采集地点不同采集时期得到的碳酸盐岩的偏光显微图像以图像分析方式得到孔隙度的比值,获得碳酸盐岩的岩溶发育速度。在有穷自动机的目标迭代中,以基于 TCRM 获得的碳酸盐岩孔隙度值分布区间为目标逼近区间,以有穷自动机算法映射的算子修正方式,有效地进行了碳酸盐岩图像分析岩溶研究所使用的有穷自动机的算法迭代。这个研究过程的可重复程度很高,比较适合在其他碳酸盐岩地区进行重复性验证。为验证碳酸盐图像分析岩溶研究得到碳酸盐岩孔隙度和岩溶发育速度是否可信,本书建立了前述的和基于 TCRM 的碳酸盐岩孔隙度和岩溶发育速度的对比验证方法,可以很好地验证碳酸盐岩图像分析岩溶研究的结果是否可信,每个碳酸盐岩采集点搜集的碳酸盐岩样本是否能用于碳酸盐岩图像分析岩溶研究。

通过苏北碳酸盐岩地区的碳酸盐岩图像分析岩溶研究,本书发现在碳酸盐岩图像分析岩溶研究中尽可能地使用比较典型的纯净碳酸盐岩作为图像分析岩溶研究的碳酸盐岩样本。不太纯净的碳酸盐岩样本可能所代表的岩溶是不太典型的岩溶作用,以这样不太纯净的碳酸盐岩样品进行碳酸盐岩图像分析岩溶研究,用基于 TCRM 获得的碳酸盐岩孔隙度值分布区间可能是偏移的,因此,可能影响有穷自动机的确定,严重干扰有穷自动机算法映射的目标逼近和算法迭代的过程,最终得到有问题的有穷自动机。在碳酸盐岩地区首次进行碳酸盐岩图像分析岩溶研究中,务必采用典型纯净的碳酸盐岩样本制作的碳酸盐岩玻片采集的碳酸盐岩偏光显微图像作为研究对象,这是本书得到的最重要的经验和成果,请其他碳酸盐岩地区的研究人员务必重视。要对不同采样点获得的碳酸盐岩的样品进行是否适合用于碳酸盐岩图像分析岩溶研究的区分,前述的碳酸盐岩水理性质测试是本书发现的重要区分手段,即本书发现碳酸盐岩图像分析岩溶研究和基于 TCRM 的碳酸盐岩历史研究数据检索或岩溶室内模拟研究都需要采用典型的碳酸盐岩样本,这样才能有效地进行两种研究方法的对比研究,这是本书的重要成果。

　　苏北碳酸盐岩地区进行的碳酸盐岩图像分析岩溶研究发现,使用基于 TCRM 的碳酸盐岩历史研究数据可以极大地节约研究团组的人力资源,加快研究进度,因此,在碳酸盐岩图像分析岩溶研究中必须重视该地区历史碳酸盐岩研究数据的使用。当碳酸盐岩的历史研究数据无法满足碳酸盐岩图像分析岩溶研究的需要时,可以通过实验室内的基于 TCRM 的碳酸盐岩岩溶室内模拟研究来搜集碳酸盐岩图像分析岩溶研究所需要的对比研究数据,如碳酸盐岩的孔隙度值分布区间等。在两种研究方法的对比研究中,要坚持以 TCRM 获得的研究数据为目标对比值,碳酸盐岩图像分析岩溶研究所使用的有穷自动机中的算法映射必须以基于 TCRM 的碳酸盐岩研究结果为目标逼近和算法迭代的依据,而不能反过来对比研究。在基于 TCRM 的碳酸盐岩岩溶室内模拟研究中,必须在实验室内再现碳酸盐岩地层的岩溶水压力与温度条件,岩溶水还必须考虑到岩溶水中的岩溶微生物的分布情况,使实验室室内和碳酸盐岩地层的岩溶作用背景条件接近才能说使用 TCRM 的碳酸盐岩研究数据,可以作为碳酸盐岩图像分析岩溶研究的对比研究数据。

4.2　图像分析法研究结果

　　本书使用图像分析法获得的岩溶研究结果主要表现为碳酸盐岩的孔隙度和岩溶发育速度。从苏北碳酸盐岩地区的碳酸盐岩图像分析岩溶研究结果来看,用图像分析法获得的苏北碳酸盐岩的孔隙度和岩溶发育速度的结果可信度是比较高的,可以作为岩溶研究的结果直接使用。苏北碳酸盐岩的图像分析研究结果表明,苏北碳酸盐岩地层中部分向斜的岩溶发育速度是比较高的。从图像分析岩溶研究的结果来看,苏北碳酸盐岩地区有一部分碳酸盐岩的孔隙度比较大,碳酸盐岩的单轴抗压强度不可能大,因此,在苏北碳酸盐岩地区进行工程建设时要仔细考虑碳酸盐岩的孔隙度对工程建设的影响。如果一定要在苏北碳酸盐岩孔隙度较大的地区施工,必须做好相应的工程建设准备。

碳酸盐岩地区进行图像分析岩溶研究时,一定要注意研究结果是否可信。碳酸盐岩图像分析岩溶研究得到的碳酸盐岩孔隙度值,不能和基于 TCRM 的碳酸盐岩孔隙度值差得太远,否则难以让其他碳酸盐岩研究者信服。苏北碳酸盐岩地区进行的图像分析岩溶研究,以苏北碳酸盐岩地区基于 TCRM 的碳酸盐岩历史研究数据为比对对象,利用两种研究方法得到的孔隙度差进行对比判断,以此实现碳酸盐岩的孔隙度对比研究。从苏北碳酸盐岩地区的对比研究结果来看,碳酸盐岩图像分析岩溶研究获得的碳酸盐岩孔隙度值多数(不是全部)都落在基于 TCRM 的碳酸盐岩研究提供的孔隙度分布区间中,说明至少在苏北碳酸盐岩地区,碳酸盐岩图像分析岩溶研究的结果是可信的。碳酸盐岩图像分析岩溶研究可以使用的算法很多,苏北碳酸盐岩地区进行的碳酸盐岩图像分析岩溶研究参考了碳酸盐岩石笋微层的图像分析算法,确定在碳酸盐岩图像分析岩溶研究中使用有穷自动机作为碳酸盐岩偏光显微图像的图像处理算法,这是本书的重要成果。有穷自动机作为形式语言的重要应用方向,简便易读,是很好的碳酸盐岩偏光显微图像的研究算法。因此,在碳酸盐岩图像分析岩溶研究中应用有穷自动机,是本书的重要成果之一。

碳酸盐岩地区的研究人员由于长期从事碳酸盐岩的岩溶研究,往往根据碳酸盐岩样本时间的手感、重量和纹理,就能判断出碳酸盐岩的孔隙度值。一般这种凭借碳酸盐岩研究人员自身经验的碳酸盐岩孔隙度判断值的准确度在 20% 左右,能做到每 5 个碳酸盐岩样本试件凭借自身研究经验判断正确 1 个,就是很好的碳酸盐岩研究人员。在碳酸盐岩地区运行图像分析岩溶研究技术进行碳酸盐岩孔隙度研究时,碳酸盐岩图像分析岩溶研究的准确度必须有一定的保证才有研究意义。如果碳酸盐岩图像分析岩溶研究得到的碳酸盐岩孔隙度值的准确度低于碳酸盐岩研究人员的经验判断,那么碳酸盐岩图像分析岩溶研究的意义就值得怀疑了。如果碳酸盐岩图像分析岩溶研究得到的碳酸盐岩孔隙度值的准确度高于或远高于碳酸盐岩研究人员的经验判断,碳酸盐岩图像分析岩溶研究这项技术才有存在的必要。在苏北碳酸盐岩地区进行的碳酸盐岩图像分析岩溶研究中,碳酸盐岩图像分析岩溶研究得到的碳酸盐岩孔隙度值的准确度远高于碳酸盐岩研究人员的经验判断,说明碳酸盐岩图像分析岩溶研究这项技术还是有存在的必要的。因此,在碳酸盐岩岩溶研究中必须重视碳酸盐岩的图像分析岩溶研究。

碳酸盐岩地区的碳酸盐岩图像分析岩溶研究使用的碳酸盐岩玻片,如果用于制造碳酸盐岩玻片的碳酸盐岩样本来自相同碳酸盐岩样本采集地点,但碳酸盐岩样本的采集时间不同,则碳酸盐岩图像分析岩溶研究的结果也可以表现为线性的倍增关系。比如,将相同采集地点不同采集时间的碳酸盐岩样本制作成碳酸盐岩玻片后用图像分析岩溶研究得到的碳酸盐岩孔隙度值,将后采集的碳酸盐岩样本制作的碳酸盐岩玻片进行碳酸盐岩图像分析岩溶研究后得到的碳酸盐岩孔隙度值作为分子,将先采集的碳酸盐岩样本制作的碳酸盐岩玻片得到的碳酸盐岩孔隙度值作为分母,二者相除得到的线性倍增值就是很好的碳酸盐岩图像分析岩溶研究成果。这个线性倍增值是岩溶发育速度的重要参考值。以基于 TCRM 得到的碳酸盐岩相同采集地点、不同采集时间的碳酸盐岩样本获得的碳酸盐岩孔隙度值,按照类似方式也可以得到一个碳酸盐岩孔隙度值的线性倍增值。使用碳酸盐岩图像分析岩溶研究得到的碳酸盐岩孔隙度值的线性倍增值,应该和基于 TCRM 得到的碳酸盐岩孔隙度值的线性倍增值接近。这是因为两种研究方法针对的碳酸盐岩采集地点是相同的,岩溶作用的地质背景是相同的,所以两种研究方法得到的当地碳酸盐岩的孔隙度值应该接近,孔隙度倍增值也应该接近。

碳酸盐岩图像分析岩溶研究得到的研究结果表现在碳酸盐岩的孔隙度值和孔隙度值线性倍增关系上。相同采集地点、不同采集时间的碳酸盐岩样本用碳酸盐岩图像分析岩溶研究得到的碳酸盐岩孔隙度值,结合碳酸盐岩样本试件的体积与密度,可以折算出碳酸盐岩的质量变化,进而得到碳酸盐岩的岩溶发育速度。和碳酸盐岩图像分析岩溶研究得到的碳酸盐岩孔隙度值线性倍增值类似,相同采集地点、不同采集时间的碳酸盐岩样本用碳酸盐岩图像分析岩溶研究得到的碳酸盐岩岩溶发育速度也应该有线性倍增关系。在基于 TCRM 的碳酸盐岩岩溶室内模拟研究中,也可以得到碳酸盐岩的岩溶发育速度值。首先这两种研究方法得到的碳酸盐岩的岩溶发育速度值应该是接近的,岩溶发育速度的线性倍增值也应该是接近的,原因和碳酸盐岩孔隙度值的线性倍增值接近类似,因为所研究的碳酸盐岩样本都是同一个采集地点采集的,碳酸盐岩地层的岩溶作用地质背景是一致的。碳酸盐岩岩溶发育速度是常见的碳酸盐岩研究指标,所以苏北碳酸盐岩地区有很多碳酸盐岩采集地在历史上有基于 TCRM 的碳酸盐岩岩溶发育速度研究数据存在。所以在苏北碳酸盐岩地区的碳酸盐岩图像分析岩溶研究得到的碳酸盐岩的岩溶发育速度值,要注意和基于 TCRM 的历史研究数据中的岩溶发育速度值进行对比。

碳酸盐岩图像分析岩溶研究得到的碳酸盐岩的孔隙度值、孔隙度值线性倍增值、岩溶发育速度、岩溶发育速度线性倍增值都是碳酸盐岩地层中岩溶作用的反映,所以这些值本身应该是相互印证的。如果这些值中有相互冲突的情况,比如,同一采样地点采集的碳酸盐岩的孔隙度值和孔隙度值线性倍增值有不相匹配的地方,则需要仔细分析这种不相匹配产生的原因。同一采样地点采集的碳酸盐岩不一定都是纯净的,所以要严格分析同一碳酸盐岩采集地点采集的碳酸盐岩样本试件的水理性质指标是否有比较大的差异。从理论上讲,碳酸盐岩水理性质不理想、纯度不典型的碳酸盐岩应该在实验开始之初就予以筛出,但由于研究的需要,在苏北碳酸盐岩地区的碳酸盐岩图像分析岩溶研究中,还是对一些纯度不太典型的碳酸盐岩样本试件进行了碳酸盐岩图像分析岩溶研究。碳酸盐岩偏光显微图像的研究结果,无论怎样进行有穷自动机的目标逼近和算法迭代,不管是碳酸盐岩的孔隙度还是碳酸盐岩的岩溶发育速度,都有和基于 TCRM 的碳酸盐岩研究结果相出入的情况。

在苏北碳酸盐岩地区进行的碳酸盐岩图像分析岩溶研究中,如果碳酸盐岩本身含有杂质,那么碳酸盐岩玻片在磨制加工中也不可避免地会混入碳酸盐岩本身携带的杂质,导致利用碳酸盐岩玻片获得的碳酸盐岩偏光显微图像并不是所有组成图像的像素点都代表着碳酸盐岩,但实际的有穷自动机图像处理中,碳酸盐岩图像分析岩溶研究还是将所有像素点都看作代表碳酸盐岩的像素点。这样碳酸盐岩玻片中的杂质就会严重影响碳酸盐岩图像分析岩溶研究的结果准确性,所以本研究发现在碳酸盐岩的偏光显微图像在进行图像分析岩溶研究前,要采取一定的手段过滤这些碳酸盐岩的偏光显微图像中实际为杂质的像素点。这些实际为杂质的像素点可以计入像素点总数,但在图像处理的横向和纵向的双循环中必须跳过这些不是碳酸盐岩的像素点。本研究发现,在苏北碳酸盐岩偏光显微图像进行图像分析前,先进行碳酸盐岩偏光显微图像的像素点点阵分析,找到该图像中实际为碳酸盐岩像素点的 RGB 值或灰度值的分布区间,不在这个区间的像素点判定为非碳酸盐岩像素点,在图像处理的双循环代码中假如遇到不在这个区间的像素点就跳过,可以有效地提高碳酸盐岩的偏光显微图像进行碳酸盐岩孔隙度研究的准确性。

苏北地区图像分析法使用的岩石样本主要来自埋藏较浅或出露地表的碳酸盐岩地层。研究结果用于研究碳酸盐岩样本的岩溶发育速率,得到了苏北地区使用图像分析法获得的岩溶发育速度表。该表的数据主要是先使用有穷自动机获得 2010、2013 和 2017 年样本孔隙度分析数据,再通过 2013 年和 2017 年的样本分析数据与 2010 年样本分析数据的线性倍增关系获得岩溶发育速度。因此,该表的数据主要是使用图像分析法获得的,那该表的数据准不准呢? 使用 TCRM 时这种线性倍增关系也存在吗? 如果使用 TCRM 时这种线性倍增关系也存在,那么 TCRM 和图像分析法获得的线性倍增关系应该是接近的,因为它们研究的是同一地点的样本。为此建立在 2010 和 2013 年同一地点采集的样本数据表核实以上问题。2010 年和 2013 年同一地点采集的样本数据表中的数据是兼顾了图像分析法的数据和 TCRM 的数据,说明图像分析法是可信的。岩溶碳酸盐岩图像分析法计算岩溶发育速度实际上是利用岩溶孔隙度进行岩溶发育速度的计算。2010 年和 2013 年同一地点采集的样本数据表的数据表明,利用图像分析法和 TCRM 获得的岩溶孔隙度是比较接近的,他们的线性倍增关系也是接近的。因此,如果知道某地的 TCRM2010 年实测岩溶发育速度,也知道按照图像分析法 2017 年岩溶孔隙度与 2010 年的线性倍增关系值,那么就可以通过将 2010 年的实测岩溶速度,乘以按照图像分析法 2017 年岩溶孔隙度与 2010 年的线性倍增关系值,从而得到 2017 年的岩溶发育速度。结果是否准确,只需要查看在 2017 年利用 TCRM 测量的岩溶发育速度值,比较下两个值是否接近就可以了。因此,按照本设想进行了苏北地区使用图像分析法和 TCRM 的对比实验结果表进行岩溶发育速度的计算结果的对比。

　　考虑到 2017 年的对比实验没有进行图像分析法的后期算法优化,本书如果获得现在使用相同研究方法进行重复研究后的准确率应该高于 2017 年的准确率。图像分析岩溶研究的后期算法优化实际上是通过不断试错改进算法并提高准确率的,所以样本的数量必须有保证。由于欧拉数比较适合开源代码的迭代改进,所以欧拉数是很好的有穷自动机算法迭代改进模型。一般欧拉数在碳酸盐岩图像中使用时,可以将碳酸盐岩的偏光显微图像 RGB 值分为若干级。在同一张碳酸盐岩玻片偏光显微图像中,欧拉数值越低的区域,往往是孔隙度值比较小的区域;欧拉数值越高的区域,往往是孔隙度值比较高的区域。在苏北地区常常需要计算碳酸盐岩地层的潜在最大孔隙的半径和在地层(特别是在施工面前方的立方体中)中的分布位置。有了利用图像分析法和 TCRM 获得的地层岩溶发育速度,地层的潜在最大孔隙的半径就很好推算,但孔隙在地层或施工面前方的立方体中的分布位置就比较难判断了。其中最大的困难是时间,必须尽可能快且尽可能准地指出孔隙分布位置,单凭经验判断实在是件困难的事情。为此可以尝试用欧拉数对碳酸盐岩玻片图像分级,将欧拉数分级结果作为 3D 立方体的纹理贴到立方体的可视面,以此帮助工程师们进行地层孔隙分布位置研究。在实际应用中可以借助欧拉数作为分阈值,将碳酸盐岩偏光显微图像的 RGB 值进行分阈后的纹理按节点数进行归类,由于岩石的形状是固定的,借助临时坐标系可以得到用欧拉数构建碳酸盐岩孔隙结构模型。

很多文献中提到了在碳酸盐岩孔隙研究中使用 ImageJ2x 软件进行孔隙分析,由于目前这款软件在图像孔隙分析上有很多特有功能,所以是很好的图像分析法进行碳酸盐岩孔隙研究时的验证手段。为了和欧拉数迭代相适应,并配合 ImageJ2x 软件进行孔隙分析,本项目对使用的有穷自动机做了一些调整。为保证有穷自动机在迭代中的准确,在建立新的有穷自动机时使用了多个图像处理阈值进行迭代调试。图像处理阈值包括碳酸盐岩玻片偏光图像的 RGB 值和灰度值。有穷自动机中灰度值和 RGB 值根据对欧拉数的响应而筛选,以苏北地区碳酸盐岩样本进行筛选,根据筛选效果迭代本书使用的有穷自动机。

有穷自动机图像分析不应只对灰度值或 RGB 值生效,使用同一有穷自动机的灰度值或 RGB 值的孔隙度曲线变化趋势应该是一样的。从历史研究的结果来看,灰度值曲线和 RGB 值曲线在同一坐标系中的分布区间明显不同,说明有穷自动机的迭代是可信的。笔者使用的有穷自动机是在 2018 年定义并使用 c#+MATLAB 实现,目前发现有的同行已经没有 MATLAB 的授权,无法公开进行基于 MATLAB 规范的有穷自动机的重复研究。为保证尽可能多的同行可以参与有穷自动机的迭代,笔者使用的迭代后的有穷自动机全部改用开源的 scilab。

由于 scilab 本身就是开源的,所以利用 scilab 规范迭代后的有穷自动机开放性比较好,如果有同行为了科研非商业用途改进了此自动机,请注明原始有穷自动机的作者出处,最好能将源码反馈给作者共同促进开源有穷自动机的发展。有穷自动机本身就是地学人工智能的重要实现形式,而地学人工智能的发展需要很多程序员共同参与。

4.3　基于 TCRM 的碳酸盐岩研究结果

碳酸盐岩图像分析岩溶研究时新兴的碳酸盐岩岩溶研究方法,其研究结果的可靠性还是需要基于 TCRM 的碳酸盐岩研究成果来说明。没有传统方法的印证,新的研究方法的可靠性不容易被多数人接受。苏北碳酸盐岩地区基于

TCRM 的碳酸盐岩研究成果表现为两个方面的研究成果,即苏北碳酸盐岩地区历史上使用基于 TCRM 的碳酸盐岩研究成果的整理对比数据结果和使用苏北碳酸盐岩地区采集的碳酸盐岩样本进行的碳酸盐岩的室内模拟岩溶研究的结果。这两个方面的碳酸盐岩研究数据都可以用于苏北碳酸盐岩地区的碳酸盐岩图像分析岩溶研究。苏北碳酸盐岩地区历史上使用基于 TCRM 的碳酸盐岩研究成果有一些是近 20 年的研究数据,要注意碳酸盐岩历史研究数据的信息化,尽量整理并导入数据库中,以便科研 MIS 或科研 App 使用。部分早期的苏北碳酸盐岩地区的岩溶研究数据可能没有考虑数据信息化建设的需要,所以在整理、导入数据库中时要仔细分析数据的关联性,尝试用关联字段将数据库中不同表格中的数据关联起来,这样可以更好地为碳酸盐岩图像分析岩溶研究服务。在苏北碳酸盐岩地区历史上使用基于 TCRM 的碳酸盐岩研究成果整理导入数据库,服务于碳酸盐岩图像分析岩溶研究的对比研究时,取得了比较好的效果。

碳酸盐岩图像分析岩溶研究使用的碳酸盐岩样本,有时在苏北碳酸盐岩地区的历史研究数据中找不到合适的可以用于碳酸盐岩图像分析岩溶研究有穷自动机目标逼近和算法迭代的对比研究数据。这时就需要通过基于 TCRM 的碳酸盐岩岩溶室内模拟研究的形式,获取可以用于碳酸盐岩图像分析岩溶研究有穷自动机目标逼近和算法迭代的对比研究数据。即使碳酸盐岩图像分析岩溶研究使用的样本找不到碳酸盐岩的历史研究数据,也可以以碳酸盐岩岩溶室内模拟研究的方式获得所需要的对比研究数据,不用担心研究结果无法验证。苏北碳酸盐岩地区的图像分析岩溶研究中,自行设计并调整了基于 TCRM 的碳酸盐岩岩溶室内模拟研究装置的安装,在基于 TCRM 的碳酸盐岩岩溶室内模拟研究中取得了良好的效果,全部研究过程安全可靠,操作中没有出现大的人身伤害,获得的研究结果在用于碳酸盐岩图像分析岩溶研究有穷自动机目标逼近和算法迭代的对比研究数据时取得了良好的研究效果,有效地促进了有穷自动机的迭代,并验证了碳酸盐岩图像分析岩溶研究的结果是可靠、可信的。这个基于 TCRM 的碳酸盐岩岩溶室内研究模拟过程,应该也可以用于苏北以外的碳酸盐岩地区。

基于 TCRM 的碳酸盐岩研究,包括基于 TCRM 的碳酸盐岩岩溶室内模拟研究和基于 TCRM 的碳酸盐岩历史研究数据整理研究,在同一个碳酸盐岩采样地点,应该有多次的研究数据(基于 TCRM 的碳酸盐岩历史研究数据整理研究若只有单次碳酸盐岩样本的研究数据,则应该使用基于 TCRM 的碳酸盐岩岩溶室内模拟研究补充研究数据)。这种基于 TCRM 的在同一个碳酸盐岩采样地点获得的多次研究数据如碳酸盐岩孔隙度或碳酸盐岩岩溶发育速度等指标,应该和碳酸盐岩图像分析岩溶研究获得的碳酸盐岩孔隙度或碳酸盐岩岩溶发育速度等指标类似,都可以用不同时期的碳酸盐岩孔隙度或碳酸盐岩岩溶发育速度研究结果获得线性倍增值。这种由基于 TCRM 获得的碳酸盐岩孔隙度或岩溶发育速度的线性倍增值,应该和碳酸盐岩图像分析岩溶研究获得的碳酸盐岩孔隙度或岩溶发育速度的线性倍增值接近,至少不能相差得太远,才能说明碳酸盐岩图像分析岩溶研究的值是可靠、可信的。苏北碳酸盐岩地区,使用基于 TCRM 获得的碳酸盐岩孔隙度或岩溶发育速度的线性倍增值,和碳酸盐岩图像分析岩溶研究获得的碳酸盐岩孔隙度或岩溶发育速度的线性倍增值有很多是接近的,说明研究结果是可信的。当然也有两种研究方法获得的碳酸盐岩线性倍增值有很大差异的情况,需要深入研究,仔细分析差异产生的原因。

基于 TCRM 的碳酸盐岩岩溶研究中,应该尽可能地使用比较纯净的典型碳酸盐岩作为碳酸盐岩岩溶研究的样本,以免因为碳酸盐岩不纯导致碳酸盐岩岩溶作用不典型,从而影响碳酸盐岩图像分析岩溶研究的结果。在苏北碳酸盐岩地区找到的历史上的基于 TCRM 的碳酸盐岩研究数据,应该尽可能地分析、推测其碳酸盐岩样本的纯净度,必要时可以到碳酸盐岩的采集点观察碳酸盐岩样本是否是纯净的。对于无法利用碳酸盐岩的历史研究推测,也无法实地观测的碳酸盐岩采样点(比如碳酸盐岩采样点被工程建设覆盖),苏北碳酸盐岩地区没有使用这些采样点的研究数据作为碳酸盐岩图像分析岩溶研究的数据。对于在基于 TCRM 的碳酸盐岩岩溶室内模拟研究所使用的碳酸盐岩样本,均先对碳酸盐岩样本试件进行了碳酸盐岩水理性质测试,以确保基于 TCRM 的碳酸盐岩岩溶室内模拟研究所使用的碳酸盐岩样本试件为比较纯净的、典型的碳酸盐岩样本试件。这样才能保证碳酸盐岩图像分析岩溶研究中有穷自动机进行目标逼近和算法迭代时使用的用基于 TCRM 获得的碳酸盐岩孔隙度和岩溶发育速度的目标值分布区间是典型碳酸盐岩的分布区间,不至于受到碳酸盐岩样本试件中的非碳酸盐岩杂质的干扰。

4.4 16S rDNA 法研究结果

本书在苏北碳酸盐岩地区岩溶微生物研究中使用 16S rDNA 法研究了苏北地区的岩溶微生物的分布及其对苏北地区岩溶作用的影响。苏北碳酸盐岩地区岩溶微生物研究中使用 16S rDNA 技术进行研究的具体实验步骤是:首先,对岩溶水在完成基因组 DNA 抽提后,利用 1% 琼脂糖凝胶电泳检测抽提的基因组 DNA。然后,进行 PCR 扩增,按指定测序区域,合成带有 barcode 的特异引物。PCR 采用 TransGen AP221-02 设备(TransStart Fastpfu DNA Polymerase);PCR 仪采用 ABI GeneAmp® 9700 型;全部样本按照正式实验条件进行,每个样本 3 个重复,将同一样本的 PCR 产物混合后用 2% 琼脂糖凝胶电泳检测,使用 AxyPrepDNA 凝胶回收试剂盒(AXYGEN 公司)切胶回收 PCR 产物,2% 琼脂糖电泳检测。参照电泳初步定量结果,将 PCR 产物用蓝色荧光定量系统进行检测定量,之后按照每个样本的测序量要求,进行相应比例的混合。美国 Illumina 公司生产的基因测序仪(Miseq)是一款小型测序平台,可以高通量、并行对核酸片段进行深度测序。由于 Miseq 测序的需要,所以苏北碳酸盐岩地区的岩溶微生物 16S rDNA 技术研究要进行 Miseq 文库构建与测序。Pan/Core 分析和 Alpha Diversity 分析是重要的微生物研究手段。通过样品的测试数据,苏北碳酸盐岩地区的岩溶微生物 16S rDNA 技术研究可以得到 Pan/Core 分析和 Alpha

Diversity 分析图。在 16S rDNA 技术测试数据的基础上，可以得到苏北碳酸盐岩地区的岩溶微生物的系统进化树。在 16S rDNA 技术测试数据的基础上，可以得到苏北碳酸盐岩地区的岩溶微生物的 Community Heatmap 分析图和 Community Analysis Pieplot 分析图。在 16S rDNA 技术测试数据的基础上，结合开源代码可以得到苏北碳酸盐岩地区的岩溶微生物的 Microbial Community Analysis 分析图和 The Fisher's Exact Test Bar Plot On Phylum Level 曲线图。

碳酸盐岩地区的岩溶微生物研究，重点在于微生物对碳酸盐岩地区岩溶作用的影响。碳酸盐岩地区的岩溶微生物对岩溶作用的影响，可以表现为多方面。但岩溶微生物对岩溶水中各种离子浓度的影响，应该是岩溶微生物对碳酸盐岩地层中的岩溶作用产生影响的重要途径。岩溶微生物的种类很多，不同碳酸盐岩地区岩溶水中发现的岩溶微生物种类基本不完全一样。在使用 16S rDNA 技术进行苏北碳酸盐岩地区的岩溶微生物研究时，重点进行了岩溶水、岩溶土壤中的硝化菌-反硝化菌、硫化菌-反硫化菌和脱氮硫杆菌为代表的岩溶微生物对碳酸盐岩地层中岩溶作用的影响。岩溶微生物可能影响岩溶水中各种离子的浓度，但对岩溶水中 H^+ 浓度以及碳酸盐岩地层中岩溶作用的影响明显非常重要。苏北碳酸盐岩地区采集的岩溶水、岩溶土壤中的硝化菌-反硝化菌、硫化菌-反硫化菌和脱氮硫杆菌都在自身的代谢过程中产生了对岩溶水中 H^+ 浓度的影响，所以这些微生物肯定对苏北碳酸盐岩地区的岩溶作用有影响。除了对岩溶水中 H^+ 的影响，岩溶水、岩溶土壤中的硝化菌-反硝化菌、硫化菌-反硫化菌和脱氮硫杆菌都在自身的代谢过程中会对岩溶水中的酸根离子的浓度产生影响，可能会产生石膏等岩溶作用副产物。

苏北碳酸盐岩地区采集的岩溶水或岩溶土壤中用 16S rDNA 技术发现的硫化菌-反硫化菌，对苏北碳酸盐岩地区当地碳酸盐岩地层中岩溶作用的影响可以表现在多个方面。首先，碳酸盐岩地层中岩溶水里的硫化菌-反硫化菌在维持自身生存时，代谢过程会对岩溶水中的 H^+、SO_4^{2-} 和 SO_3^{2-} 的数量产生影响。由于岩溶水中 H^+ 数量的变化会直接影响碳酸盐岩地层中的岩溶作用，所以硫化菌-反硫化菌对岩溶作用有影响。但岩溶水中硫化菌-反硫化菌对岩溶作用的影响不只表现为对 H^+ 数量的影响。碳酸盐岩地层中往往会有黄铁矿之类的矿物分布,硫化菌-反硫化菌在代谢过程会对硫酸根离子和亚硫酸根离子的数量产生影响,结合岩溶水遇到的黄铁矿等矿物,产生的化学反应也会对当地碳酸盐岩地层中的岩溶作用产生影响。此外,硫化菌-反硫化菌代谢过程产生的 SO_4^{2-} 和 SO_3^{2-},结合岩溶水中的 Ca^{2+},容易产生 $CaSO_4$。由于 $CaSO_4$ 不易溶于水,很多会在岩溶水中沉积下来,形成严重影响碳酸盐岩样本试件的单轴抗压强度的石膏。这些石膏改变了碳酸盐岩地层中空隙的空间分布,对碳酸盐岩和岩溶水的水-液接触面分布有明显影响,从而对碳酸盐岩地层中的岩溶作用产生明显影响。

苏北碳酸盐岩地区采集的岩溶水或岩溶土壤中用 16S rDNA 技术发现的脱氮硫杆菌,对苏北碳酸盐岩地区当地碳酸盐岩地层中岩溶作用的影响也非常重要。苏北碳酸盐岩地区岩溶水和岩溶土壤中的脱氮硫杆菌,结合岩溶水和岩溶土壤中的 NH_4^+,可以在自身的代谢过程中利用代谢过程影响岩溶水与岩溶土壤的 pH 值,从而对岩溶水与岩溶土壤中的岩溶过程产生明显影响。苏北碳酸盐岩地区岩溶水中 NH_4^+ 浓度的变化,和脱氮硫杆菌是密切相关的。此外,苏北碳酸盐岩地区脱氮硫杆菌对碳酸盐岩地层间岩溶作用的影响,还表现为岩溶水在遇到碳酸盐岩地层中的钾钠长石等矿物时,脱氮硫杆菌会与钾钠长石溶于水后形成的离子发生化学反应,使岩溶水的 H^+ 数量和 SO_4^{2-} 数量发生变化,从而对岩溶水和碳酸盐岩地层之间的岩溶作用产生明显变化。苏北碳酸盐岩地区岩溶水和岩溶土壤中的脱氮硫杆菌的数量分布,和碳酸盐岩地层中的钾钠长石的分布有明显的关联性。在岩溶水中检出脱氮硫杆菌的采样地点附近,很容易找到钾钠长石的分布。脱氮硫杆菌的代谢过程有时在岩溶水中同时有硝化-反硝化菌存在时,可能会叠加硝化-反硝化菌的代谢过程,共同对碳酸盐岩地层之间的岩溶作用产生影响。

苏北碳酸盐岩地区的岩溶微生物不仅用于 16S rDNA 技术研究,在碳酸盐岩的岩溶室内模拟研究中也有重要的研究意义。在碳酸盐岩岩溶室内模拟研究中使用的岩溶水,除了要考虑温度、水压和 CO_2 含量等指标,也不能忽略岩溶水中岩溶微生物种群的维持。这是因为在自然环境中岩溶水中有岩溶微生物存在,必然会参与碳酸盐岩地层间的岩溶作用。所以在实验室内进行碳酸盐岩地层碳酸盐岩岩溶室内模拟研究时,必须考虑岩溶水中的岩溶微生物的因素,在碳酸盐岩岩溶室内模拟研究中注意保持岩溶水中岩溶微生物种群的存在。岩溶水中保持岩溶微生物种群的存在是比较困难的,在碳酸盐岩岩溶室内模拟研究装置的设计时,由于考虑成本不另外设置岩溶微生物的种群引入功能,主要通过岩溶水在加压前投入苏北碳酸盐岩地区采样点附近采集的岩溶水来维持岩溶微生物种群在岩溶水中的存在。由于岩溶水样本有很多用途,所以可以用苏北碳酸盐岩地区采样点附近采集的岩溶水培养一定数量的含有岩溶微生物种群的岩溶水母液,以此投入碳酸盐岩岩溶室内模拟研究中使用的岩溶水中,确保碳酸盐岩岩溶室内模拟研究的地学背景和碳酸盐岩地层一致,以此保证实验室内的碳酸盐岩岩溶室内模拟研究是当地碳酸盐岩地层间岩溶作用的真实再现。

第5章 讨论与分析

5.1 图像分析法是否能得到 TCRM 的验证

本书使用的图像分析法得到的研究结果,应该能得到 TCRM 的验证。本书使用 TCRM 得到的研究结果,在 2013 年获得的苏北碳酸盐岩孔隙度和 2010 年获得的碳酸盐岩孔隙度线性比值,与利用 2013 年样本加工的玻片利用图像分析法获得的碳酸盐岩孔隙度和利用 2010 年样本加工的玻片利用图像分析法获得的碳酸盐岩孔隙度线性比值,基本是接近的。同样的情况也发生在利用 2017 年样本加工的玻片利用图像分析法获得的碳酸盐岩孔隙度和利用 2010 年样本加工的玻片利用图像分析法获得的碳酸盐岩孔隙度线性比值,与同时期的 TCRM 碳酸盐岩孔隙度比值也基本是接近的。这说明苏北地区利用图像分析法进行碳酸盐岩岩溶作用研究是可行的,是得到 TCRM 的研究结果验证支持的。苏北地区部分样本的图像研究法获得的岩溶研究结果和 TCRM 的研究结果出入较大,但从概率来看,苏北地区碳酸盐岩样本中图像分析法获得的岩溶研究结果和 TCRM 的研究结果接近的样本数量占总样本数量的百分比,已经高于科研人员凭借经验进行碳酸盐岩孔隙度等岩溶指标判断的准确率,这也是本书的重要意义所在。

5.1.1 图像分析岩溶研究和 TCRM 研究结果对照的原则

苏北碳酸盐岩地区使用碳酸盐岩图像分析岩溶研究的结果与 TCRM 的研究结果进行比对时,必须注意同地相比的原则。只有相同地点采集的碳酸盐岩样本才能作为研究结果对照的样本。不同采集地点的碳酸盐岩由于岩溶地质背景不同,不可以直接用来比较。此外,还必须坚持碳酸盐岩纯度接近的原则,只有纯度接近的碳酸盐岩,才能作为研究结果对照的样本。纯度不同的碳酸盐岩,即使是在同一地区采集的,也不能作为研究结果对照的样本。在研究中还必须坚持地质环境无明显变化的原则,只有相同地点采集的纯度接近的碳酸盐岩样本,采集地点未发生明显的诸如人类工、农业活动干扰的前提下,才可以作为研究结果对照的样本。在研究中还必须坚持微生物种群恒定的原则,即在研究期间采样地点的岩溶微生物种群应该尽量恒定,这样才能保证微生物对岩溶作用的影响一致。

5.1.2 图像分析岩溶研究和 TCRM 研究结果目标逼近的原则

苏北碳酸盐岩地区使用图像分析岩溶研究的研究结果和 TCRM 的研究结果进行目标逼近时,必须坚持单向逼近的原则,即图像分析岩溶研究的研究结果向 TCRM 的研究结果进行逼近,不能反过来进行双向结果逼近。目标逼近建立在 TCRM 的研究结果是可以接受的基础上,不能用未知是否正确的结果作为目标逼近的目标值。在两种方法的研究结果进行目标逼近时,必须坚持算法出算子的原则,所有算子都应该有算法出处,不能是随机取的算子。此外还必须坚持目标值正确的原则,所有作为目标值的 TCRM 数据都应该确保正确,不能拿错误或有争议的 TCRM 研究结果作为结果逼近的目标值。

在碳酸盐岩图像分析岩溶研究和基于 TCRM 的碳酸盐岩研究结果之间的目标逼近,要注意基于 TCRM 的碳酸盐岩研究和碳酸盐岩图像分析岩溶研究的目标逼近值,应该是被业内其他研究人员广泛认可的碳酸盐岩指标值。碳酸盐岩的孔隙度值是非常适合作为碳酸盐岩图像分析岩溶研究的目标逼近值。基于 TCRM 的碳酸盐岩研究得到的碳酸盐岩孔隙度值的方法是很多碳酸盐岩研究人员都运用过的研究方法,因此,不用担心基于 TCRM 的碳酸盐岩研究得到的孔隙度值不被人认可。在同一采样地点采集的碳酸盐岩样本试件的孔隙度值,往往是分布在一个比较接近的分布区间内的,这样就给碳酸盐岩图像分析岩溶研究提供了良好的碳酸盐岩孔隙度目标逼近区间。在同一采样地点、不同采样时间采集的碳酸盐岩样本试件的孔隙度值,往往有一个线性倍增关系。这些线性倍增关系值往往也是分布在一个比较接近的区间的,这个线性倍增值分布区间也给碳酸盐岩图像分析岩溶研究提供了良好的碳酸盐岩孔隙度目标逼近区间。由于碳酸盐岩图像分析岩溶研究进行的目标逼近采用的是基于 TCRM 的碳酸盐岩研究得到的孔隙度值和孔隙度线性倍增值的分布区间作为目标逼近区间,因此,比较容易得到碳酸盐岩研究人员的认可。

5.1.3　图像分析岩溶研究和 TCRM 研究算法迭代的原则

苏北碳酸盐岩地区使用图像分析岩溶研究的研究结果和 TCRM 的研究结果进行算法迭代时,必须坚持有限映射的原则。虽然目前计算工具的计算能力有了很大的提高,但过分复杂的算法会影响算法的编程实现,实际使用中必须坚持算法的有限映射原则。在两种研究方法的研究结果进行算法迭代时,必须坚持算法的开放性原则,所有的算法在公开发表前应该在研究团队中公开,集思广益,共同促进算法的发展,尤其不能忽视学生的意见。在两种研究方法的研究结果进行算法迭代时,必须坚持算法开源原则,作为研究结果的算法应该尽快公开发表,如果有同行感兴趣愿意进行重复研究,应该帮助他们进行重复,共同促进算法的改进。在两种研究方法的研究结果进行算法迭代时,必须坚持算法推导原则,所有在本书中使用的算法应该来源于数学推导,不能因为可以更好地接近目标值而随意更换算法算子。

碳酸盐岩图像分析岩溶研究在以基于 TCRM 的碳酸盐岩孔隙度或孔隙度线性倍增值的分布区间为目标区间进行算法迭代时,必须坚持从有穷自动机的算法映射中的算子入手的原则。碳酸盐岩图像分析岩溶研究的算法迭代不能一次性地对有穷自动机的算法做根本性的改变,要仔细通过算子的调整实现碳酸盐岩的有穷自动机算法迭代。有穷自动机算法迭代的结果差异不能太大,如果算法迭代的结果出现很大变化,说明算子的调整还需要进一步地细化以缩小算法迭代的结果差异。有穷自动机算法迭代的结果落在目标逼近区间之外时,需要分析是落在目标分析区间的上限以外还是下限以外,要深入分析如何使算法迭代的结果向目标分析区间内移动的算子调整策略。在确定算子调整策略后,逐步按照一定的步长调整算子的值,使算法迭代的结果逐步向目标逼近区间内移动并逐步偏移到目标逼近区间的中位值附近,即可以认定算法迭代是可靠的。碳酸盐岩图像分析岩溶研究使用的碳酸盐岩玻片采集的碳酸盐岩的偏光显微图像含有非碳酸盐岩杂质时,在进行算法迭代的编程实现时一定要注意跳过这些非碳酸盐岩像素点,以保证碳酸盐岩图像分析岩溶研究中所使用的有穷自动机算法迭代的可靠性。

5.1.4 图像分析岩溶研究和 TCRM 研究结果出入的处理原则

苏北碳酸盐岩地区使用图像分析岩溶研究的研究结果和 TCRM 的研究结果进行研究结果比较时,必须坚持实事求是的原则,不能因为图像分析岩溶研究的研究结果和 TCRM 的研究结果相差太大而更换目标值。此时应仔细分析二者相差太大的原因,而不是替换逼近的目标值。当图像分析岩溶研究的研究结果和 TCRM 的研究结果出入较大时,要检查原因分析的原则,仔细分析造成出入的原因。此外,还要坚持算法拟合的原则,仔细分析 TCRM 使用的碳酸盐岩样本特点和碳酸盐岩的偏光显微图像的像素点矩阵特点,以此分析两种研究方法研究结果产生出入的原因。

碳酸盐岩图像分析岩溶研究的研究结果和基于 TCRM 的碳酸盐岩岩溶研

究的结果不一致时,要首先检查基于 TCRM 的碳酸盐岩水理性质指标。如果碳酸盐岩的水理性质指标不是很理想,说明碳酸盐岩样本试件的碳酸盐岩纯度不典型,不太适合作为碳酸盐岩图像分析岩溶研究的对比研究数据。如果碳酸盐岩的水理性质指标完全符合碳酸盐岩的典型特征,则应仔细分析碳酸盐岩图像分析岩溶研究使用的碳酸盐岩玻片上有无杂质。如果碳酸盐岩的偏光显微图像上明显有非碳酸盐岩的斑块,要注意在有穷自动机的编程实现时跳过这些非碳酸盐岩的像素点。如果碳酸盐岩的偏光显微图像上没有非碳酸盐岩杂质存在,则需要仔细检查碳酸盐岩图像分析岩溶研究所使用的有穷自动机有没有需要改进的地方。碳酸盐岩研究中,如果有穷自动机算法映射选择不当,则需要对算法映射做根本调整以保证碳酸盐岩图像分析岩溶研究的研究结果和基于 TCRM 的研究结果相吻合。如果有穷自动机的算法映射不需要做大的改动,则要检查在调整有穷自动机的算子过程中是不是因调整的值过大导致有穷自动机无法通过目标逼近实现算法迭代。如果是调整有穷自动机的算子过程中调整的值过大造成的,可以缩小目标逼近时算子调整的步长值。按照以上步骤操作,可以基本解决碳酸盐岩图像分析岩溶研究和基于 TCRM 的碳酸盐岩研究结果之间的出入问题。要说明的是,碳酸盐岩图像分析岩溶研究的研究结果和基于 TCRM 的碳酸盐岩研究结果之间只会接近,不会出现完全相同的情况。

5.2 图像分析岩溶研究的研究结果是否都和 TCRM 的研究结果一致

本书利用苏北 2010、2013 和 2017 年样本制作的碳酸盐岩偏光显微玻片获得的偏光显微图像,进行图像分析岩溶研究得到的研究结果,与使用 TCRM 的 2010、2013 和 2017 年历史研究结果相比,有的样本两种研究方法的结果出入较大,不能视为两种方法的结果一致。这些样本的两种方法研究结果无法通过算法调整缩减差异,造成这种差异的原因就值得重视了。这些差异有可能是岩石样本不是纯净的碳酸盐岩造成的。苏北地区的碳酸盐岩样本有的石灰岩含量可以达到95%以上,而有的样本的石灰岩含量只有30% ~ 40%,这些不太纯净的碳酸盐岩样本,可能含有影响岩溶作用的杂质,从而影响碳酸盐岩的岩溶发育速度,进而影响图像分析法研究结果的准确度。这就要求科研人员在使用碳酸盐岩样本进行图像分析岩溶研究前,必须加强碳酸盐岩样本的岩石组成成分测试和水理性质测试,确保用于图像分析岩溶研究的碳酸盐岩样本都是苏北典型的碳酸盐岩。如果一定要在碳酸盐岩不是很纯净的地区进行图像分析岩溶研究,一定要尽可能选择纯净的碳酸盐岩,这一点非常重要。在研究中有学生提问是否可以用化学清洗法过滤碳酸盐岩的杂质,但这就背离了苏北的地学背景。因此,图像分析岩溶研究使用的碳酸盐岩样本,必须是苏北地区采集的纯净度比较高的天然碳酸盐岩,不能有后期人为处理。苏北碳酸盐岩样本在加工成岩石玻片进行偏光显微图像采集时,为避免系统误差,本书采用的是同一型号设备。为避免人员操作误差,统一取碳酸盐岩玻片中心点的偏光显微图像。偏光显微镜获得的苏北碳酸盐岩玻片偏光显微图像全部使用同一图像处理软件进行图像预处理。这样做的目的是尽可能减少系统误差。苏北地区碳酸盐岩样本在加工成玻片时,有时会留下磨制痕迹,在利用偏光显微镜采集图像时要尽可能地避开磨制痕迹区。苏北地区采集的纯净度比较高的碳酸盐岩样本,其使用图像分析法和 TCRM 的结果还是比较接近的,其石灰岩纯度越高,使用图像分析法和 TCRM 的结果差异就越小,说明图像分析法是适用于典型纯净的碳酸盐岩岩溶研究的。部分碳酸盐岩纯度较差,明显不适合使用马鞍曲线作为逼近算法的基础算法。总体而言,苏北地区碳酸盐岩样本使用图像分析法和 TCRM 的结果还是比较接近的。

5.2.1　岩溶微生物造成的不一致

　　苏北碳酸盐岩地区图像分析岩溶研究的研究结果和 TCRM 研究的研究结果多数是一致的,少部分岩石样本中研究结果产生差异的原因很多。其中,重要的原因是岩溶微生物造成的。岩溶水和岩溶土壤中的微生物种群数量并不是不变的。如果岩溶水和岩溶土壤中的微生物发生变化,那么对碳酸盐岩的岩溶作用会有比较大的影响,可能导致两种研究方法的结果不一致。苏北碳酸盐岩地区采集的碳酸盐岩样本中含有诸如钾钠长石之类的矿物,这些矿物和微生物代谢物发生反应,可能会改变碳酸盐岩玻片的表面,使碳酸盐岩玻片采集的偏光显微图像发生变化。所以在苏北碳酸盐岩地区的 TCRM 历史研究数据中的采样点,要注意考查岩溶微生物的影响。

在碳酸盐岩图像分析岩溶研究和基于 TCRM 的碳酸盐岩研究的对比研究中,岩溶微生物对两种研究方法结果的影响是很常见的。在基于 TCRM 的碳酸盐岩研究中,特别是在基于 TCRM 的碳酸盐岩岩溶室内模拟研究中,需要仔细控制岩溶水中岩溶微生物的数量,不能和碳酸盐岩样本试件的实际采集地点相差太远。如果岩溶微生物的数量和采集地点的岩溶微生物数量差得太远,则基于 TCRM 的碳酸盐岩岩溶室内模拟研究中的地学背景和碳酸盐岩样本试件的采集地点有很大区别,得到的研究结果不一定是碳酸盐岩样本试件的采集地点的孔隙度值和岩溶发育速度值,因此,不能直接用于碳酸盐岩图像分析岩溶研究的目标逼近和算法迭代。所以在基于 TCRM 的碳酸盐岩岩溶室内模拟研究中,一定要加强碳酸盐岩岩溶室内模拟装置中使用的岩溶水的检测,对岩溶水中岩溶微生物的数量要重点监控。发现岩溶水中岩溶微生物的数量低于或超过岩溶微生物的正常分布区间,一定要进行加水或增加含岩溶微生物母液的操作。基于 TCRM 的碳酸盐岩岩溶室内模拟研究得到的碳酸盐岩孔隙度和岩溶发育速度等值,可以利用加权系数进行适当调整,以利于和碳酸盐岩图像分析岩溶研究的目标逼近和算法迭代。

5.2.2　人为的采样点环境变化造成的不一致

苏北碳酸盐岩地区碳酸盐岩的采集地点发生人为的环境变化,如工程建设、农业活动和动植物饲养等,都会严重地改变碳酸盐岩采集地点的岩溶作用,使岩溶发育速度发生改变。在苏北碳酸盐岩地区的 TCRM 历史研究数据中的采样点,要注意检查人类行为对碳酸盐岩采样点环境变化的影响;检查碳酸盐岩采样点周围有无使用工业酸碱、施用农业肥料的痕迹;检查有无开挖、爆破等痕迹;检查有无人类饲养牲畜的痕迹。

　　碳酸盐岩图像分析岩溶研究所使用的碳酸盐岩玻片是由采样地点采集的碳酸盐岩样本磨制加工而成的,如果碳酸盐岩的采集地点受到人类工程活动影响,目前无法再进行碳酸盐岩样本的采集,则历史上的碳酸盐岩研究结果无法得到当前碳酸盐岩图像分析岩溶研究的对比验证,这个碳酸盐岩采集点的历史研究数据就无法再使用。如果碳酸盐岩的采集地点的土地利用现状发生改变,则难以在碳酸盐岩图像分析岩溶研究和基于 TCRM 的碳酸盐岩对比研究中剔除人类活动导致土地利用现状变化的影响,也难以再继续使用该碳酸盐岩采集地点的历史研究数据。如果碳酸盐岩采集地点地表植被有明显变化,很难剔除植物根系变化对碳酸盐岩岩溶作用的影响,所以该采集地点的数据也不能用于对比研究。如果碳酸盐岩采集地点有动物活动痕迹,要仔细分析动物的行为是否对碳酸盐岩岩溶作用有影响。碳酸盐岩采集地点如果有可清理人类废弃物,应该在清理人类废弃物后仔细评估其对碳酸盐岩地层间岩溶作用的影响,再决定是否可以使用该碳酸盐岩采集地点的研究数据进行碳酸盐岩图像分析岩溶研究和基于 TCRM 的碳酸盐岩对比研究。

5.2.3　自然因素形成的不一致

　　苏北碳酸盐岩地区的碳酸盐岩采集地点有时候会因为自然因素发生环境变化,如洪水暴发、气候干旱等因素的影响,这些因素都会严重地改变苏北碳酸盐岩地区采集的碳酸盐岩偏光显微图像。在苏北碳酸盐岩地区的 TCRM 历史研究数据中的采样点,要注意检查自然因素对碳酸盐岩采样点环境变化的影响;检查研究期间有无洪水、干旱等因素的影响。苏北碳酸盐岩地区的碳酸盐岩地层的涌水规律变化也很大,要注意长期观测并计入图像分析岩溶研究要考虑的因素。

在基于 TCRM 的碳酸盐岩岩溶研究中,如果碳酸盐岩的采样地点发生洪水的浸泡,则说明碳酸盐岩采样地点难以去除洪水对碳酸盐岩地层岩溶作用的影响,因此,在洪水中被淹没的碳酸盐岩采样地点不能用于碳酸盐岩的采样。如果碳酸盐岩的采样地点发生一定时间的干旱,则需要重点关注岩溶水中岩溶微生物的种群数量是否有明显变化。如果因为干旱导致岩溶水中岩溶微生物数量发生变化,要注意采取一定措施去除干旱对碳酸盐岩采样地点的岩溶作用的影响。如果碳酸盐岩采样地点发生崩塌现象,由于难以取得崩塌前的碳酸盐岩样本,则该碳酸盐岩采样地点的历史研究数据就只好废弃。如果基于 TCRM 的碳酸盐岩采样地点有发生涌水的记录,要注意观测涌水前后岩溶水中水温、压力和岩溶微生物数量的变化,以此分析碳酸盐岩地层间涌水对碳酸盐岩地层间岩溶作用的影响。在苏北碳酸盐岩地区采集的碳酸盐岩样本制作的碳酸盐岩玻片,用偏光显微镜获得碳酸盐岩岩石图像后,往往会在碳酸盐岩的岩石图像中发现地质作用带来的杂质,此时要先分析这些杂质对碳酸盐岩地层间的岩溶作用是否有明显影响。如果碳酸盐岩中的杂质对岩溶作用有明显影响又难以在研究中去掉这些影响,则该碳酸盐岩样本不能用于碳酸盐岩图像分析岩溶研究和基于 TCRM 的碳酸盐岩对比研究。

5.2.4　研究者主观因素形成的不一致

苏北碳酸盐岩地区进行碳酸盐岩图像分析岩溶研究时,不可避免地要受到研究者主观因素的影响。研究者的受教育经历不同,对形式语言的熟悉程度不同,对有穷自动机的掌握能力不同,都可能在研究中不自觉地主观倾向自己熟悉的算法映射,而这种主观倾向造成的算法映射不一定符合碳酸盐岩图像分析岩溶研究需要。在碳酸盐岩图像分析岩溶研究中一定不能刚愎自用,要持开放的心态,对愿意参加碳酸盐岩图像分析岩溶研究的学生,只要具备基本的研究能力,应该欢迎他们参加,并在研究中尽量帮助他们,不应以个人主观好恶拒绝学生参与。

在碳酸盐岩图像分析岩溶研究中,算法推导过程是没有研究者主观因素区别的,这一点要和研究团组中的师生说清楚。如果研究团组中两个学生分别进行的算法推导结果是一致的,但都和教师的推导结果有区别,那么教师应该仔细检查自己的算法推导过程,教师出错的可能性更大。算法推导过程是劳动密集型和智力密集型兼有的工作,教师在算法推导过程中偶尔出现算法推导错误也是比较常见的。出错了就老实承认,研究团组的其他成员只会更尊重实事求是的教师。碳酸盐岩图像分析岩溶研究使用的有穷自动机的算法映射很多,研究团组中研究成员的受教育经历不同,对算法映射的熟悉程度有区别,这完全是正常的。在研究工作中应该各抒己见,资历深的教师最好在讨论中最后发言,避免出现学生顺着教师的提法说的情况。在碳酸盐岩图像分析岩溶研究中使用的有穷自动机,在算法分析阶段应该允许多种算法的提出及尝试,只要该算法应用到有穷自动机中并在碳酸盐岩图像分析岩溶研究中取得良好的效果,那么这种算法就是有效的,而不应该去问这个算法是教师提出的还是学生提出的。

5.2.5　团组协作中形成的不一致

苏北碳酸盐岩地区进行碳酸盐岩图像分析岩溶研究时,不可避免地会受到碳酸盐岩图像分析岩溶研究的研究团队协作因素的影响。目前很难在编码实现阶段完全由一个研究者完成,主要是由教师和高年级本科生共同完成。不同程序员对算法的理解能力会有差异,不可能所有程序员的算法能力都是一致的。在算法的代码实现过程中,可能会导致部分程序员的代码和算法实际需要有差异。这个问题主要是通过对程序员编写的代码进行代码审计来解决。碳酸盐岩图像分析岩溶研究使用的代码行数往往是很大的,多人协作的代码一两个人进行代码审计出现漏审的可能性是存在的。在碳酸盐岩图像分析岩溶研究中必须重视团队协作管理,加强代码审计。在本研究团组的实际代码开发工作中,请上下游程序员交互进行代码审计是比较好的办法。

在碳酸盐岩图像分析岩溶研究中,研究团组不可避免地会出现研究任务的人员流转。这就要求研究团组中的上游研究者必须对下游研究者的行为负责。上游研究者在进行碳酸盐岩图像分析岩溶研究的研究任务分配时,必须兼顾下游研究者的能力与个人专长,科学地向下游研究者分配研究任务。上游研究者向下游研究者分配研究任务时,就意味着上游研究者认为下游研究者完全有能力完成碳酸盐岩图像分析岩溶研究任务,是非常可靠的研究团组成员。上游研究者发现下游研究者有难以完成所分配任务时,应该增加研究环节,继续细分研究任务的分配,避免强行分配研究任务,出现一条线的研究行为。在碳酸盐岩图像分析岩溶研究中,经常出现以 OCX 控件或 DLL 动态链接库文件方式流转的研究成果,为避免在研究团组的协作中出现错误在哪个环节的查询困难(此时查询是为了纠错而不是区分责任),要通知下游研究者(往往是学生程序员)严格执行代码注释,谁写的代码必须用注释的方式加以说明。要和学生说清楚,不同于商业项目开发,这样做没有其他意思,只是为了减少纠错的成本和时间而已。

5.2.6 研究设备形成的不一致

苏北碳酸盐岩地区进行碳酸盐岩图像分析岩溶研究时,不可避免地会受到研究者使用的设备因素的影响。在获得碳酸盐岩的显微图像时,如果获得显微图像的硬件设备参数上有差异,会对苏北碳酸盐岩地区的图像分析岩溶研究有较大的影响。这种硬件设备参数上的差异主要体现在显微图像分辨率的差别。这种差别一般是通过图像预处理来解决。在实际的碳酸盐岩图像分析岩溶研究中可以通过图像预处理以及图像处理软件来统一分辨率。

碳酸盐岩图像分析岩溶研究中使用的碳酸盐岩偏光显微图像是利用偏光显微镜获得的。由于苏北碳酸盐岩地区岩溶研究的时间跨度较长,中间一定会出现偏光显微镜的更换现象。新购的偏光显微镜在使用 8 年左右时间一般会更换,如果新购的偏光显微镜参数和原有偏光显微镜不一致,则会严重影响碳酸盐岩图像分析岩溶研究的目标逼近和算法迭代。在碳酸盐岩图像分析岩溶研究中又不能不更换碳酸盐岩的偏光显微镜,碳酸盐岩的研究人员一定会遇到偏光显微镜的更换问题。苏北碳酸盐岩地区在图像分析岩溶研究中使用的偏光显微镜,采取加强保养、妥善保护、谨慎使用的三原则,尽可能延长偏光显微镜的使用周期。以一个碳酸盐岩研究人员 30 年的学术生命为计算基准,则争取将偏光显微镜的更换周期控制在 10～15 年,尽量让每个碳酸盐岩研究人员在学术生命中尽可能地减少偏光显微镜的更换周期。碳酸盐岩图像分析岩溶研究使用的碳酸盐岩玻片也是容易对碳酸盐岩图像分析岩溶研究产生影响的因素。为了减少碳酸盐岩玻片加工上的人为差异,一般采取固定的磨制人员的方式进行碳酸盐岩的玻片加工。

在基于 TCRM 的碳酸盐岩岩溶室内模拟研究中,民用液压加压设备使用时间过长可能出现压力值的偏差,要注意在碳酸盐岩岩溶室内模拟研究中经常检查液压加压设备。当液压加压设备出现老化现象时,要及时更换新的液压加压设备。基于 TCRM 的碳酸盐岩岩溶室内模拟研究装置的上方用液压加压设备加压,下方一般是使用千斤顶,以实现压力平衡。由于千斤顶易老化,所以在研究中要注意及时检查和更换。液压加压设备和千斤顶在研究中可以列入常用的耗材部分。在基于 TCRM 的碳酸盐岩岩溶室内模拟研究中使用的碳酸盐岩样本试件,出于加工时的公差原因,往往在碳酸盐岩样本试件的合膛中会有研究者的个人因素,如合膛时研究人员的力度区别,这些因素在基于 TCRM 的碳酸盐岩岩溶室内模拟研究中都不能忽视。在基于 TCRM 的碳酸盐岩岩溶室内模拟研究中应该严格保持岩溶水中 CO_2 含量的稳定,需要研究人员在固定时间段进行 CO_2 含量的补充,确保基于 TCRM 的碳酸盐岩岩溶室内模拟研究中使用的岩溶水中的 CO_2 含量的稳定。

5.3 是否可以利用 TCRM 进行图像分析算法的迭代?

本书使用图像分析法进行岩溶研究的前提是图像分析算法的迭代可以借助 TCRM 的研究成果进行迭代。图像分析算法一定要有已有研究结果进行迭代,图像分析法研究结果一定要和已有的研究结果对比,这样才有意义。没有验证方法的图像分析岩溶研究,其可靠性难以说服其他科研工作者。在本书中的算法迭代过程中,使用的是历史研究数据中的 TCRM 研究结果进行目标逼近。如果没有历史研究数据中的 TCRM 研究结果支持,在图像分析岩溶研究之前应该先进行 TCRM 研究,只有获得足够多的 TCRM 研究数据作为目标逼近值,才能有效地进行算法迭代。由于 TCRM 的研究数据是图像分析法算法迭代的目标逼近值,所以一定要保证 TCRM 研究中使用的岩石样本是典型纯净的碳酸盐岩,如果用不纯净的含杂质碳酸盐岩用 TCRM 得到的结果作为目标逼近值,就有可能干扰图像分析法研究的算法迭代过程,影响图像分析法岩溶研究结果的准确性。图像分析岩溶研究作为一种新的岩溶研究手段,为了取信于同行,必须高度重视研究过程的可重复性。作为图像分析法算法迭代的目标逼近手段,TCRM 研究也必须高度重视研究过程的可重复性。TCRM 重复研究的研究结果有差异是可以接受的,毕竟在一个采样地点找不到两个完全相同的岩石样本。在将 TCRM 研究作为图像分析法的对比研究手段时,必须尽量采用设计公开的岩石研究设备,在研究过程中尽量不要更换研究设备。

5.3.1 某些碳酸盐岩地区不能使用基于 TCRM 的碳酸盐岩研究数据进行图像分析算法迭代的原因

碳酸盐岩图像分析岩溶研究是新兴的碳酸盐岩岩溶研究技术,目前也仅在部分碳酸盐岩地区使用基于 TCRM 的碳酸盐岩研究数据进行图像分析目标逼近与算法迭代研究,所以其他碳酸盐岩地区能否使用基于 TCRM 的碳酸盐岩研究数据进行图像分析目标逼近与算法迭代要具体条件具体分析。由于碳酸盐岩图像分析岩溶研究是以碳酸盐岩岩溶研究为主要目的,因此最好使用比较纯净的碳酸盐岩样本作为基于 TCRM 的目标逼近和算法迭代的依据。碳酸盐岩图像分析岩溶研究要进行碳酸盐岩孔隙度线性倍增值和岩溶发育速度线性倍增值的比较,如果碳酸盐岩地区的历史基于 TCRM 的研究数据不多,不足以提供基于 TCRM 的碳酸盐岩孔隙度线性倍增值和岩溶发育速度线性倍增值及图像分析岩溶研究的结果进行比较,则要慎重决定是否在该地区使用基于 TCRM 的碳酸盐岩研究数据进行图像分析目标逼近和算法迭代。在碳酸盐岩样本试件实际上膛测试前,要注意预估碳酸盐岩样本试件的单轴抗压强度能否承受液压加压装置和千斤顶施加的压力。如果碳酸盐岩样本试件在基于 TCRM 的岩溶室内模拟研究中崩解,并且这一现象不是个别现象,说明该碳酸盐岩地区的碳酸盐岩样本的杂质很多,单轴抗压强度不高,不适合作为基于 TCRM 的目标逼近和算法迭代的依据。

研究团组中有一种观点,碳酸盐岩地区人类活动如果过于频繁,比如,人类建成区面积太大,有比较大污水排放量或近 10 年内有污水大量排放记录,碳酸盐岩地区工程建设占地面积过大,有大规模化石燃料使用现象或近 10 年内的使用记录等,都不太适合作为碳酸盐岩图像分析岩溶研究的研究区域。这是因为如果人类建成区面积太大,必然有大量人员在其中生活或生产;污水的排放会影响岩溶水中岩溶微生物的含量以及岩溶水的 pH 值等指标;碳酸盐岩地区工程建设占地面积过大会影响碳酸盐岩采集地点的稳定;如果大规模使用化学燃料可能给当地的碳循环过程带来影响,不是每个碳酸盐岩地区都适合采用碳酸盐岩图像分析岩溶研究。一个碳酸盐岩地区能否进行碳酸盐岩图像分析岩溶研究,应该对照以上条件,深入分析该碳酸盐岩地区的历史和现状,在此基础上进行判定。对照以上条件,本书认为苏北碳酸盐岩地区无论是在人类建成区、污水排放量和化学燃料使用等指标上均可以接受,人类活动的强度还没达到对苏北岩溶地质作用有明显影响的地步。

5.3.2　碳酸盐岩地区使用基于 TCRM 的碳酸盐岩研究数据进行图像分析算法迭代的注意事项

　　碳酸盐岩图像分析岩溶研究在使用基于 TCRM 的碳酸盐岩历史研究数据进行图像分析的目标逼近与算法迭代时,必须注意检查基于 TCRM 的碳酸盐岩历史研究数据。碳酸盐岩地区中的一个固定采样地点,碳酸盐岩孔隙度平均值的差异应该是接近的。如果历史上进行的基于 TCRM 的碳酸盐岩研究数据有比较大的差异,实际碳酸盐岩孔隙度值分布区间比较大,那么这些基于 TCRM 的碳酸盐岩历史研究数据是要慎重对待的。碳酸盐岩图像分析岩溶研究得到的碳酸盐岩孔隙度,应该以基于 TCRM 的碳酸盐岩孔隙度值分布区间的中位值为目标逼近的目标值,在此基础上实现对碳酸盐岩图像分析算法的迭代。同一采样地点、不同时期采集的碳酸盐岩玻片用图像分析岩溶研究得到的碳酸盐岩孔隙度值的分布区间,和基于 TCRM 的碳酸盐岩孔隙度值分布区间应该是接近的。如果二者的孔隙度值分布区间完全不同,分布区间的上限和下限都有很大差别,说明碳酸盐岩图像分析岩溶研究的算法特别是有穷自动机需要做比较大的修改。碳酸盐岩地区使用基于 TCRM 的碳酸盐岩研究数据进行图像分析的目标逼近和算法迭代时,只要碳酸盐岩图像分析岩溶研究所使用的算法能将碳酸盐岩的孔隙度值落入基于 TCRM 的碳酸盐岩研究数据中的孔隙度值分布区间,基本上可以认为达到目标逼近和算法迭代的目的了。

　　碳酸盐岩图像分析岩溶研究使用的碳酸盐岩玻片数量是有限的,因此,得到的碳酸盐岩孔隙度值的数量也不多。如果要利用碳酸盐岩图像分析岩溶研究得到的碳酸盐岩孔隙度值构建孔隙度变化趋势曲线,则往往需要对孔隙度变化趋势曲线进行拟合。在进行碳酸盐岩孔隙度的算法拟合过程中要注意碳酸盐岩孔隙度的算法拟合值的分布区间不能和基于 TCRM 的碳酸盐岩孔隙度值的分布区间有较大的差别。碳酸盐岩孔隙度使用拟合算法的目的是增加碳酸盐岩孔隙度值的结果数量,对碳酸盐岩孔隙度变化曲线起到算法拟合的作用。

所以在碳酸盐岩的孔隙度拟合过程中,拟合点的数量不能太少。为保证碳酸盐岩孔隙度曲线在拟合过程中的平稳,本书使用了拟合算法进行碳酸盐岩孔隙度变化曲线的拟合。在拟合过程中必须严格控制碳酸盐岩拟合步长值的调整,在保证拟合算法生成的曲线拟合点数量足够的前提下,曲线拟合点的值能落到基于 TCRM 的碳酸盐岩孔隙度值分布区间为理想情况,至少曲线拟合点的孔隙度值不能和基于 TCRM 的碳酸盐岩孔隙度值相差太远。按照以上方法拟合的碳酸盐岩孔隙度值变化曲线,由于苏北碳酸盐岩地区的地学背景是一致的,碳酸盐岩的孔隙度值变化曲线可以作为当地气候变化曲线的参考。

5.4 本研究是否可以用于其他地区

本书的研究方法对其他碳酸盐岩广泛分布的地区也是适用的。但将本书的研究方法推广到其他碳酸盐岩广泛分布的地区要注意以下几点:碳酸盐岩的纯净度应该比较高;碳酸盐岩样本采集难度是可以达到的;当地碳酸盐岩玻片与试件的加工成本不是很高;当地进行了比较长时间的岩溶观测研究,有足够的历史研究数据作为基础;当地的岩溶水水化学指标差异不大。满足以上条件的碳酸盐岩分布区域,就可以适用本书采用的研究方法。将本书的研究方法推广到其他碳酸盐岩广泛分布的地区时,还必须注意图像分析法研究结果和 TCRM 研究成果的吻合程度,图像分析法研究结果的正确率应该高于当地科研人员的经验判断正确率,这样本研究方法的推广才有意义。苏北地区碳酸盐岩试件与玻片加工成本不高(在重庆加工试件的成本约合 10 美元/个;制作玻片约合 15 美元/个;在成都加工的价格要贵一些,但都是可以接受的),便于大量制作用于科研。其他地区的碳酸盐岩试件与玻片加工价格如果和重庆相近,也是比较好的用图像分析法进行岩溶研究的地区。

5.4.1 类似于苏北碳酸盐岩地区的研究区选择

将本书的研究方法应用于其他碳酸盐岩地区,必须仔细选择研究区。首先,研究区必须像苏北一样有大面积的碳酸盐岩分布。其次,研究区最好进行了一定时间的岩溶研究,已经积累了一部分岩溶研究数据,可以作为碳酸盐岩图像分析岩溶研究的基础。这些碳酸盐岩地区历史研究数据的采样点应该是采样难度不大,适合研究生或高年级本科生长期进行碳酸盐岩样本的采集。碳酸盐岩地区最好是交通方便的地区,便于采样人员前往。碳酸盐岩地区附近应该有物流点分布,碳酸盐岩样本等不易损坏的样本可以妥善包装后用物流渠道运回研究机构。碳酸盐岩地区附近的碳酸盐岩岩石试件和玻片的磨制加工费用不能高到研究经费难以负担大量样本加工的地步。再次,研究区岩溶土壤和岩溶水的采集难度不是太大,比较适合作为岩溶研究的样本采集地。在采集岩溶水时要注意安全,确保采集人员的人身安全。研究区可以有人类活动区,但应该有足够大的没有人类活动影响的地区。碳酸盐岩地区的碳酸盐岩采样点应该尽可能地在靠近人类居住地区的无人类活动影响的区域,以便在碳酸盐岩样本搬运、食品获取等方面寻求当地民众的帮助。在和研究者口音有较大区别的碳酸盐岩地区,应该配有掌握当地方言的同志一起前往,避免出现因为语言不通、交流不畅通带来严重后果,也比较容易得到当地民众的帮助。碳酸盐岩地区应该有测绘历史数据,最好有合适等级的控制点存在。碳酸盐岩地区如果有地质调查史,是比较理想的情况。如果碳酸盐岩地区的历史地质数据比较少,当地主要碳酸盐岩地层的地质数据应该有解决办法。碳酸盐岩地区的TCRM 历史研究数据中,碳酸盐岩的孔隙度、岩溶发育速度等指标比较齐全,而且指标值的分布有一定的区间。碳酸盐岩地区的 TCRM 开始研究数据中,一般岩溶微生物的历史研究数据比较少,要提前做好当地岩溶微生物的研究计划,这样才能事先做好岩溶微生物对碳酸盐岩岩溶作用影响的预案。在碳酸盐岩地区岩溶研究开始前,应该仔细点验碳酸盐岩地区的 TCRM 历史研究数据,通过对碳酸盐岩单轴抗压强度的数值变化、碳酸盐岩地层中类似黄铁矿等地层矿物的出露情况记录等资料的分析,对岩溶微生物对碳酸盐岩岩溶作用的影响有一定的预期,对当地的碳酸盐岩中岩溶微生物的种类和种群有一定的预估,16S rDNA 等现代岩溶微生物研究技术是用来验证岩溶微生物研究前的预期是否正确,重点是验证当地的碳酸盐岩中岩溶微生物的种类和种群的预估是否准确。研究经费应该妥善使用,不能漫无目的地用 16S rDNA 等现代岩溶微生物研究技术进行当地岩溶微生物研究。

5.4.2 类似于苏北碳酸盐岩地区的对比研究设计

在其他碳酸盐岩地区进行类似苏北碳酸盐岩地区的图像分析岩溶研究和 TCRM 岩溶研究对比研究时,要注意对比研究方案的制订。如果当地进行了比较长时间的 TCRM 岩溶研究,积累了比较丰富的历史数据,则可以直接利用 TCRM 历史研究数据进行图像分析岩溶研究的对比研究。如果当地的 TCRM 历史研究数据比较少,不足以支持图像分析岩溶研究的对比研究,则应该仔细设计符合当地地质条件背景的 TCRM 岩溶室内模拟研究,进行与图像分析岩溶研究的对比研究。在进行碳酸盐岩图像分析岩溶研究时要注意碳酸盐岩玻片的纯度。在进行 TCRM 岩溶室内模拟研究时要注意尽可能地在室内再现研究区的地质背景条件,特别是温度、压力和水化学特征。在类似于苏北碳酸盐岩地区进行对比实验时,不能忽视岩溶微生物的影响。碳酸盐岩玻片在加工磨制时,务必清除玻片岩石玻片表面的岩溶微生物痕迹,玻片在加工磨制时,必须保证一定的磨制时间,确保去除碳酸盐岩玻片表面由岩溶微生物形成的生物酸等代谢物对碳酸盐岩的影响。碳酸盐岩图像分析岩溶研究的结果,如碳酸盐岩孔隙度、岩溶发育速度等进行与 TCRM 历史研究数据对比时,一定要坚持同采样地对比原则,即碳酸盐岩的玻片和 TCRM 历史研究数据使用的碳酸盐岩样本,一定是相同碳酸盐岩采集点的数据才可以对比。不能使用不同碳酸盐岩采集点的 TCRM 历史研究数据和图像分析岩溶研究的数据进行对比。此外还必须坚持同地层原则,即碳酸盐岩的玻片和 TCRM 历史研究数据使用的碳酸盐岩样本,一定是相同碳酸盐岩采集点相同地层的样本数据才可以对比。如果碳酸盐岩样本的地层不同,即使碳酸盐岩采集点是相同的,也不能拿来做对比研究。另外,还必须坚持人类干扰影响相同的原则,即不同时期、同一采样地点、同一地层的碳酸盐岩样本制作的玻片和 TCRM 历史研究数据使用的碳酸盐岩样本,一定是人类干扰影响相同的样本数据才可以对比。如果不同时期、同一采样地点、同一地层的碳酸盐岩人类干扰影响不一致,就不能作为对比研究的候选样品。

5.4.3　类似于苏北碳酸盐岩地区的 TCRM 岩溶室内模拟研究设计

在类似于苏北碳酸盐岩地区的 TCRM 岩溶室内模拟研究设计是非常重要的。要在室内模拟研究碳酸盐岩地区的岩溶作用,首先要仔细设计岩溶室内模拟研究装置。岩溶室内模拟研究装置应该是可以在实验室内再现碳酸盐岩地区的温度、压力与岩溶水渗流情况,并可以在室内模拟研究装置使用的岩溶水中进行岩溶微生物投放。在岩溶室内模拟研究装置中,应该有岩溶水 CO_2 含量的调节措施。由于碳酸盐岩的单轴抗压强度值用途很多,建议在岩溶室内模拟研究装置中加入碳酸盐岩的单轴抗压强度测试设计,以便获得碳酸盐岩试件的单轴抗压强度值。在岩溶室内模拟研究装置进行实验室的碳酸盐岩地层压力再现时,要注意实验装置和操作人员的安全。在岩溶室内模拟研究进行中,要经常检查碳酸盐岩的岩溶微生物的种群与数量,防止在岩溶室内模拟实验中由于岩溶微生物野蛮生长导致碳酸盐岩压力条件发生实验预期以外的变化,形成由岩溶微生物的野蛮生长造成的实验室事故。在岩溶室内模拟研究中,一定要经常补充岩溶水中的 CO_2 来源,以免岩溶水中 CO_2 含量不足导致室内模拟实验的失败。在进行碳酸盐岩的单轴抗压强度测试时,一定要检查实验操作人员有无戴上护目镜和口罩,一定要重视实验操作人员的人身安全。在进行碳酸盐岩岩溶室内模拟研究时,要注意保持岩溶水的渗流状态而非静止浸泡状态。在碳酸盐岩地区地层中的岩溶水一般是处于渗流状态的,必须结合碳酸盐岩地层中岩溶水的渗流观测值,进行碳酸盐岩岩溶室内模拟研究的岩溶水渗流模拟设计。碳酸盐岩的岩溶水渗流过程有很多难以预测的因素,在岩溶室内模拟研究的岩溶水渗流模拟设计中要注意容错设计,做好实验失败的预案,不要在岩溶水暴渗或压裂碳酸盐岩试件时出现安全事故。碳酸盐岩岩溶室内模拟研究要注意保持实验室温度的恒定。现有的使用空调进行实验室温度恒定的保持有时不是很足够,需要使用冰盒或冰袋对碳酸盐岩岩溶室内模拟研究装置进行局部降温,这一条很容易被忽视。有时碳酸盐岩岩溶室内模拟研究装置的表面温度达到了实验设计要求,但岩溶室内模拟研究装置的下方(千斤顶所在处)会出现温度高于实验设计要求的情况,这种情况就需要经常换入冰盒保证温度的恒定。在碳酸盐岩岩溶室内模拟研究中,碳酸盐岩地层的压力模拟是非常重要的,常见水压加压可以和岩溶水的渗流过程一起设计。如果采用油压加压,一定要注意压力的传导过程设计。如果采用物理加压设计,一定要注意采用合适的物理加压手段,确保碳酸盐岩试件不会因为物理加压而破裂。

5.4.4 类似于苏北碳酸盐岩地区的岩溶微生物研究设计

在类似于苏北碳酸盐岩地区进行岩溶微生物研究设计,要注意结合最新的微生物研究手段。最新的微生物研究手段,不一定是苏北碳酸盐岩地区使用的16S rDNA 技术。所以在碳酸盐岩地区的岩溶微生物研究中,一定要注意研究团组成员的文献阅读,在文献阅读时思考,这篇文章的微生物研究手段是否适合于本碳酸盐岩地区? 如果要在本碳酸盐岩地区使用本微生物研究方法,需要的经费是否合适? 在本碳酸盐岩地区采集本微生物研究方法所需要的岩溶土壤、岩溶水样本是否有困难? 除此之外,还应该想想本微生物研究方法和 TCRM 岩溶室内模拟研究以及图像分析岩溶研究的集成难度。当以上条件都满足时,说明这一新岩溶微生物研究方法是适合碳酸盐岩地区岩溶微生物研究的。苏北碳酸盐岩地区的岩溶微生物研究,发现当地碳酸盐岩地层处于渗流状态的岩溶水中的岩溶微生物在流经碳酸盐岩地层中的某些矿物时,会发生一些化学反应影响当地碳酸盐岩地层的岩溶作用。因此,在碳酸盐岩地层的岩溶微生物研究中,必须重视岩溶水在渗流过碳酸盐岩地层的孔隙表面时,与碳酸盐岩地层中的矿物是否会发生影响碳酸盐岩地层的岩溶作用的化学反应。根据苏北碳酸盐岩地区岩溶微生物的研究先例,岩溶微生物的代谢物也是需要引起重视的。岩溶微生物使用 16S rDNA 等微生物研究技术进行研究时,产生的岩溶微生物的数据量不小。如何使用这些岩溶微生物研究数据,需要注意搜集有无合适的开源代码支援当地碳酸盐岩地区的岩溶微生物研究数据的可视化表达。在岩溶微生物的研究人员中,不能忽视研究数据编程与数据库管理人员的参与。在碳酸盐岩地区利用岩溶土壤和岩溶水进行岩溶微生物研究时,要注意尽可能迅速地将岩溶土壤和岩溶水的采集样本送回实验室进行分析,这一过程当中,必须注意使用干冰盒等设备进行样本运输,有条件的话尽量使用自有车辆进行运输。在碳酸盐岩岩溶室内模拟研究进行岩溶微生物的研究时,要注意岩溶水水温的设定与恒定,岩溶微生物生存的岩溶水温度应该和碳酸盐岩地层中的岩溶水温度基本接近,岩溶水的温度不能变化太大;同时要注意岩溶水 pH 值的设定与恒定,有的岩溶微生物不能在碱性环境下生存,所以在室内模拟研究中要严格控制岩溶模拟实验使用的岩溶水的 pH 值,不能使岩溶水的 pH 值起伏太大。在以岩溶水的水压方式进行碳酸盐岩的加压实验时,要注意岩溶水的水压和碳酸盐岩地层的岩溶水推测值不能差得太远,以免影响岩溶微生物在岩溶水中的生存环境。

第6章 结 论

6.1 本研究的特色与创新之处

本书使用多种方法进行多孔碳酸盐岩地层的岩溶研究,在图像分析岩溶研究和基于 TCRM 岩溶室内模拟研究的基础上进行岩溶对比研究,利用基于 TCRM 岩溶室内模拟研究结果作为图像分析岩溶研究算法迭代的逼近目标值。本书广泛进行了自然语言的形式化,在此基础上筛选有穷自动机作为研究的基础算法,统一了图像分析岩溶研究和基于 TCRM 岩溶室内模拟研究的基础算法。岩溶研究的项目很多,本书利用图像分析法获得的孔隙度计算岩溶发育速度。本书使用基于 TCRM 岩溶室内模拟研究获得的岩石试件实验前后质量差换算岩溶发育速度。本书使用基于 TCRM 岩溶室内模拟研究在室内模拟苏北地区的岩溶发育过程。本书使用 16S rDNA 技术进行岩溶微生物与碳酸盐岩地层中特有矿物对碳酸盐岩地层岩溶作用的影响研究。本书使用 16S rDNA 技术进行岩溶微生物与碳、氮、硫物质循环的影响研究。本书利用数据库检索技术得到的数据作为图像分析法岩溶研究算法迭代的目标值。本书利用移动 GIS 技术进行岩石图像分析。综上所述,本研究最重要的特色与创新之处包括以下两方面。

6.1.1 基于有穷自动机的图像分析法岩溶研究

有穷自动机是形式语言中常用的算法,非常适合自然语言的形式化。本书使用有穷自动机作为苏北碳酸盐岩地区图像分析法岩溶研究的形式化算法。为了使尽可能多的人员参与苏北碳酸盐岩地区图像分析法岩溶研究,本书使用的有穷自动机基于 SCILAB 规范进行设置。由于地理信息系统专业的学术型研究生都学习过形式算法,使用有穷自动机的困难比较小。由于有穷自动机和面向对象类的编程语言结合得比较好,比较适合基于有穷自动机的编程。由于有穷自动机的开放性、独立性与可靠性,其他愿意参与苏北碳酸盐岩地区图像分析法岩溶研究的研究者可以比较方便得根据自己的研究工作修改有穷自动机。由于有穷自动机的算法映射是有限的,所以基于有穷自动机的图像分析法岩溶研究是可以重复的。由于有穷自动机是形式语言的重要组成部分,在进行形式语言教学时很多学校把有穷自动机作为形式语言的组成部分进行教学,比较容易找到擅长有穷自动机的研究人员,因此,本书使用有穷自动机进行碳酸盐岩的图像分析研究,极大地降低了可以参与碳酸盐岩的图像分析研究的研究者入门要求,是本书的重要特色。在碳酸盐岩图像分析岩溶研究中,广泛地利用有穷自动机进行研究中的自然语言的形式化,有效地化解了自然地理学者和地理信息系统学者的沟通难题,降低了在碳酸盐岩图像分析岩溶研究中研究需求的提出者(一般为自然地理中的岩溶学者)和研究需求的实现者(一般是岩溶信息系统领域的程序员)之间的沟通困难,使研究需求的提出者的自然语言研究需求,可以方便地形成碳酸盐岩图像分析研究的需求说明书,迅速转换为容易被岩溶信息系统领域的程序员比较容易掌握的有穷自动机,极大地提高了碳酸盐岩图像分析岩溶研究中的编程效率,减少了因为沟通错误导致的程序员人力误用,降低了碳酸盐岩图像分析岩溶研究的成本,缩短了碳酸盐岩图像分析岩溶研究所需要的时间,是本书重要的创新点。

6.1.2 图像分析岩溶研究与基于 TCRM 岩溶室内模拟研究进行对比研究

在苏北地区进行图像分析岩溶研究一定要与基于 TCRM 岩溶室内模拟研究进行对比。脱离基于 TCRM 岩溶室内模拟研究的结果证明,图像分析岩溶研究成了无根的数学推导游戏。科学上只能用已知正确的数据值作为未知是否正确的研究结果的验证标准。因此,本书将图像分析岩溶研究与基于 TCRM 岩溶室内模拟研究进行对比是非常重要的现代岩溶研究手段的创新。传统的碳酸盐岩研究方法和现代信息技术的融合,是目前重要的 TCRM 发展方向。只有融合现代信息技术的进步,才能使传统的碳酸盐岩研究方法跟上现代科学的进步。在图像分析岩溶研究与基于 TCRM 岩溶室内模拟研究进行对比研究时,要注意确定正确判断的原则。一般建议以基于 TCRM 岩溶室内模拟研究的结果作为图像分析岩溶研究结果是否准确的判断标准,本书在苏北碳酸盐岩地区即执行的此标准(仅限于本团组内为强制要求)。如果没找到更好的图像分析岩溶研究结果的判断标准,建议苏北碳酸盐岩地区的其他研究者参考本书的结果。在图像分析岩溶研究与基于 TCRM 岩溶室内模拟研究进行对比研究中,不建议随便更换图像分析岩溶研究的结果判断标准,那会严重干扰碳酸盐岩地区的图像分析岩溶研究的过程。截至目前,在公开发表的论文中,在几个常见文献检索平台中尚未检索到以图像分析岩溶研究与基于 TCRM 岩溶室内模拟研究进行对比研究的先例。因此,以图像分析岩溶研究与基于 TCRM 岩溶室内模拟研究进行对比研究是本书的重要创新。

6.2 研究结论

本书在苏北 TCRM 历史研究数据的基础上,进行了苏北碳酸盐岩地区的图像分析岩溶研究,并探讨了利用 16S rDNA 技术进行苏北岩溶微生物研究。苏北 TCRM 历史研究数据比较理想地匹配了图像分析岩溶研究的数据,说明至少在苏北碳酸盐岩地区,用图像分析法进行岩溶研究是可靠的,图像分析岩溶研究的结果是可以接受的,为此,本书得到以下结论。

苏北地区的碳酸盐岩比较适合使用图像分析法进行岩溶研究,苏北地区的碳酸盐岩无论是用图像分析法还是用 TCRM,都表现出明显的加快趋势,这反应在两种研究方法的研究结果中的一些判定指标。苏北地区的碳酸盐岩样本的孔隙度都有放大的趋势,这会影响苏北岩石样本的单轴抗压强度,对苏北当地的工程建设有比较大的影响。此外,碳酸盐岩孔隙度的扩大,增加了碳酸盐岩和岩溶水的接触面,苏北的岩溶作用有扩大的趋势,这对苏北地区地表和地下的岩溶地貌发育将产生明显影响。苏北岩溶水中的反硝化菌和硫化菌等岩溶微生物对苏北的岩溶作用起着很大的影响,这些岩溶微生物通过自身生存的需要改变了苏北岩溶水中多种离子的含量,一般而言,对苏北岩溶作用起着加速作用。这些岩溶微生物在与苏北地区的黄铁矿、水铵长石等矿物反应,可能形成石膏等物质,使碳酸盐岩变得更加疏松,严重影响苏北地区碳酸盐岩的单轴抗压强度,对苏北地区的施工建设有很大影响。苏北地区岩溶水中的微生物来源还有待进一步研究。由于苏北地区是典型的碳酸盐岩地区,在苏北地区使用的图像分析岩溶研究和 TCRM 岩溶研究都可以在其他碳酸盐岩广泛分布的地区进行研究。在使用图像分析法进行苏北碳酸盐岩岩溶研究的过程中,有穷自动机证明是一种有效的图像分析岩溶研究模型,马鞍曲线是有效的图像分析岩溶研究算法。在使用 TCRM 研究苏北碳酸盐岩样本时,科学且可持续地在室内模拟苏北的岩溶水文地质环境是非常重要的前提。

总之,本书的研究成果说明,苏北碳酸盐岩地区是合适的岩溶研究地区,比较适合使用图像分析法和 TCRM 进行岩溶研究,当地广泛分布的岩溶微生物,也使运用 16S rDNA 等技术进行研究成为可能。本书的研究方法对其他碳酸盐岩地区的岩溶研究有着很好的借鉴意义。

参考文献

［1］陈红琳. 自然语言的形式化［J］. 阜阳师范学院学报（社会科学版），2009
　　（2）：64-66.

［2］董新秀，邵先杰，武泽，等. 苏北盆地金湖凹陷碳酸盐岩孔隙类型及孔隙
　　结构特征［J］. 石油地质与工程，2014，28（5）：90-94.

［3］王维屏，邓学军. 徐州地区岩溶水分布特征及开发利用［J］. 江苏地质，
　　1988，12（3）：40-46.

［4］彭瑞东，杨彦从，鞠杨，等. 基于灰度CT图像的岩石孔隙分形维数计算
　　［J］. 科学通报，2011，56（26）：2256-2266.

［5］王家禄，高建，刘莉. 应用CT技术研究岩石孔隙变化特征［J］. 石油学报，
　　2009，30（6）：887-893.

［6］邵维志，解经宇，迟秀荣，等. 低孔隙度低渗透率岩石孔隙度与渗透率关
　　系研究［J］. 测井技术，2013，37（2）：149-153.

［7］张顺康，陈月明，侯健，等. 岩石孔隙中微观流动规律的CT层析图像三维
　　可视化研究［J］. 石油天然气学报（江汉石油学院学报），2006，28（4）：
　　102-106.

［8］张吉群，胡长军，和冬梅，等. 孔隙结构图像分析方法及其在岩石图像中
　　的应用［J］. 测井技术，2015，39（5）：550-554.

［9］孙文峰，李玮，董智煜，等. 页岩孔隙结构表征方法新探索［J］. 岩性油气
　　藏，2017，29（2）：125-130.

［10］廉培庆，高文彬，汤翔，等. 基于CT扫描图像的碳酸盐岩油藏孔隙分类

方法[J]. 石油与天然气地质, 2020, 41(4)：852-861.

[11] 孔强夫, 杨才, 李浩, 等. 基于图论聚类和最小临近算法的岩性识别方法：以四川盆地西部雷口坡组碳酸盐岩储层为例[J]. 石油与天然气地质, 2020, 41(4)：884-890.

[12] 谢淑云, 何治亮, 钱一雄, 等. 基于岩石 CT 图像的碳酸盐岩三维孔隙组构的多重分形特征研究[J]. 地质学刊, 2015, 39(1)：46-54.

[13] 王晨晨, 姚军, 杨永飞, 等. 碳酸盐岩双孔隙数字岩心结构特征分析[J]. 中国石油大学学报(自然科学版), 2013, 37(2)：71-74.

[14] 王登科, 张平, 浦海, 等. 温度冲击下煤体裂隙结构演化的显微 CT 实验研究[J]. 岩石力学与工程学报, 2018, 37(10)：2243-2252.

[15] 柴华, 李宁, 夏守姬, 等. 高清晰岩石结构图像处理方法及其在碳酸盐岩储层评价中的应用[J]. 石油学报, 2012, 33(S2)：154-159.

[16] 秦玉娟, 张天付, 胡圆圆, 等. 电子探针背散射电子图像在碳酸盐岩微区分析中的意义[J]. 电子显微学报, 2013, 32(6)：479-484.

[17] 王凤娥, 朱昌星. MATLAB 环境下岩石 SEM 图像损伤分形维数的实现[J]. 舰船电子工程, 2009, 29(8)：144-146.

[18] 叶润青, 牛瑞卿, 张良培. 基于多尺度分割的岩石图像矿物特征提取及分析[J]. 吉林大学学报(地球科学版), 2011, 41(4)：1253-1261.

[19] 程国建, 杨静, 黄全舟, 等. 基于概率神经网络的岩石薄片图像分类识别研究[J]. 科学技术与工程, 2013, 13(31)：9231-9235.

[20] 王卫星, 于鑫, 赖均. 基于分数阶微分的岩石裂隙图像增强[J]. 计算机应用, 2009, 29(11)：3015-3017.

[21] 党福星, 方洪宾, 赵福岳. 利用 CBERS-1 CCD 数据进行地质矿产信息提取方法研究[J]. 国土资源遥感, 2002, 14(4)：63-66.

[22] 李建胜, 王东, 康天合. 基于显微 CT 试验的岩石孔隙结构算法研究[J]. 岩土工程学报, 2010, 32(11)：1703-1708.

[23] KUANG H H, YE X, QING Z Y. Porosity of the porous carbonate rocks in the Jingfengqiao-Baidiao area based on finite automata[J]. Royal Society Open Science, 2022, 9(1): 211844.

[24] 王昕旭. 偏最小二乘回归在孔隙度预测中的应用[J]. 地球物理学进展, 2015, 30(6): 2807-2813.

[25] 朱星磊, 安裕伦, 黄祖宏, 等. 喀斯特地区遥感影像解译新算法: 支持向量机算法[J]. 中国岩溶, 2011, 30(2): 222-226.

[26] 方黎勇, 段建华, 陈浩, 等. 基于显微CT图像的岩芯孔隙分形特征[J]. 强激光与粒子束, 2015, 27(5): 306-310.

[27] ZHANG Y L, XING H L, LI S Z, et al. Fracture Extraction and Repair of 2D Rock Image Based on Hybrid Algorithm of Ant Colony and Canny Edge Detection Operator[J]. Geotectonica et Metallogenia, 2021, 45(1): 242-251.

[28] GE Y F, TANG H M, ELDIN M A, et al. A description for rock joint roughness based on terrestrial laser scanner and image analysis[J]. Scientific Reports, 2015, 5: 16999.

[29] LIU S, HUANG Z. Analysis of strength property and pore characteristics of Taihang limestone using X-ray computed tomography at high temperatures[J]. Scientific Reports, 2021, 11: 13478.

[30] 刘宇坤, 何生, 何治亮, 等. 碳酸盐岩超压岩石物理模拟实验及超压预测理论模型[J]. 石油与天然气地质, 2019, 40(4): 716-724.

[31] 张家政, 陈松龄, 成永生, 等. 南堡凹陷周边凸起地区碳酸盐岩成岩作用与孔隙演化[J]. 石油天然气学报(江汉石油学院学报), 2008, 30(2): 161-165.

[32] 王璐, 杨胜来, 刘义成, 等. 缝洞型碳酸盐岩储层气水两相微观渗流机理可视化实验研究[J]. 石油科学通报, 2017, 2(3): 364-376.

[33] 陈昱林, 曾焱, 段永明, 等. 川西龙门山前雷口坡组四段白云岩储层孔隙

结构特征及储层分类[J]. 石油实验地质, 2018, 40(5): 621-631.

[34] 寿建峰, 佘敏, 沈安江. 深层条件下碳酸盐岩溶蚀改造效应的模拟实验研究[J]. 矿物岩石地球化学通报, 2016, 35(5): 860-867.

[35] 刘宏, 罗思聪, 谭秀成, 等. 四川盆地震旦系灯影组古岩溶地貌恢复及意义[J]. 石油勘探与开发, 2015, 42(3): 283-293.

[36] 刘民生. 四川盆地及盆周地区深部岩溶地下水的循环模式分析[J]. 地质灾害与环境保护, 2004, 15(2): 49-51.

[37] 黄芬, 肖琼, 尹伟璐, 等. 岩溶系统中土壤氮肥施用对岩溶碳汇的影响[J]. 中国岩溶, 2014, 33(4): 405-411.

[38] 蒋小琼, 王恕一, 范明, 等. 埋藏成岩环境碳酸盐岩溶蚀作用模拟实验研究[J]. 石油实验地质, 2008, 30(6): 643-646.

[39] 彭军, 王雪龙, 韩浩东, 等. 塔里木盆地寒武系碳酸盐岩溶蚀作用机理模拟实验[J]. 石油勘探与开发, 2018, 45(3): 415-425.

[40] 沈安江, 乔占峰, 佘敏, 等. 基于溶蚀模拟实验的碳酸盐岩埋藏溶蚀孔洞预测方法: 以四川盆地龙王庙组储层为例[J]. 石油与天然气地质, 2021, 42(3): 690-701.

[41] 刘琦, 卢耀如, 张凤娥, 等. 动水压力作用下碳酸盐岩溶蚀作用模拟实验研究[J]. 岩土力学, 2010, 31(S1): 96-101.

[42] 佘敏, 寿建峰, 沈安江, 等. 从表生到深埋藏环境下有机酸对碳酸盐岩溶蚀的实验模拟[J]. 地球化学, 2014, 43(3): 276-286.

[43] 刘逸盛, 刘月田, 张琪琛, 等. 厚层碳酸盐岩油藏宏观物理模拟实验研究[J]. 油气地质与采收率, 2020, 27(4): 117-125.

[44] 田雯. 桩海地区下古生界碳酸盐岩表生条件下溶蚀过程模拟实验[J]. 矿物学报, 2019, 39(1): 108-116.

[45] 刘宇坤, 何生, 何治亮, 等. 碳酸盐岩超压岩石物理模拟实验及超压预测理论模型[J]. 石油与天然气地质, 2019, 40(4): 716-724.

［46］朱洪林，陈乔，徐烽淋，等. 碳酸盐岩超声波速度频散实验研究［J］. 成都理工大学学报（自然科学版），2021，48（4）：396-405.

［47］李宁，张清秀. 裂缝型碳酸盐岩应力敏感性评价室内实验方法研究［J］. 天然气工业，2000，20（3）：30-33.

［48］冯庆付，翟秀芬，冯周，等. 四川盆地二叠系—三叠系碳酸盐岩核磁共振实验测量及分析［J］. 中国石油勘探，2020，25（3）：167-174.

［49］谭飞，张云峰，王振宇，等. 鄂尔多斯盆地奥陶系不同组构碳酸盐岩埋藏溶蚀实验［J］. 沉积学报，2017，35（2）：413-424.

［50］杨云坤，刘波，秦善，等. 基于模拟实验的原位观察对碳酸盐岩深部溶蚀的再认识［J］. 北京大学学报（自然科学版），2014，50（2）：316-322.

［51］王建锋，谢世友，冯慧芳，等. 岩溶槽谷区不同土地利用方式下土壤微生物特征研究［J］. 环境科学与管理，2010，35（3）：150-154.

［52］裴希超，许艳丽，魏巍. 湿地生态系统土壤微生物研究进展［J］. 湿地科学，2009，7（2）：181-186.

［53］连宾，袁道先，刘再华. 岩溶生态系统中微生物对岩溶作用影响的认识［J］. 科学通报，2011，56（26）：2158-2161.

［54］范周周，卢舒瑜，王娇，等. 岩溶与非岩溶区不同林分根际土壤微生物及酶活性［J］. 北京林业大学学报，2018，40（7）：55-61.

［55］张凤娥，张胜，齐继祥，等. 埋藏环境硫酸盐岩岩溶发育的微生物机理［J］. 地球科学，2010，35（1）：146-154.

［56］段逸凡，贺秋芳，刘子琦，等. 岩溶区地下水微生物污染特征及来源：以重庆南山老龙洞流域为例［J］. 中国岩溶，2014，33（4）：504-511.

［57］车轩，罗国芝，谭洪新，等. 脱氮硫杆菌的分离鉴定和反硝化特性研究［J］. 环境科学，2008，29（10）：2931-2937.

［58］张弘，蒋勇军，张远瞩，等. 基于 PCR-DGGE 和拟杆菌（Bacteroides）16S rRNA 的岩溶地下水粪便污染来源示踪研究：以重庆南山老龙洞地下河

系统为例[J]. 环境科学, 2016, 37(5): 1805-1813.

[59] 吴雁雯, 张金池. 微生物碳酸酐酶在岩溶系统碳循环中的作用与应用研究进展[J]. 生物学杂志, 2015, 32(3): 78-83.

[60] 沈利娜, 邓新辉, 蒋忠诚, 等. 不同植被演替阶段的岩溶土壤微生物特征: 以广西马山弄拉峰丛洼地为例[J]. 中国岩溶, 2007, 26 (4): 310-314.

[61] PU J B, LI J H, KHADKA M B, et al. In-stream metabolism and atmospheric carbon sequestration in a groundwater-fed Karst stream[J]. Science of the Total Environment, 2017, 579: 1343-1355.

[62] 姜磊, 涂月, 侯英卓, 等. 植被恢复的岩溶湿地沉积物细菌群落结构和多样性分析[J]. 环境科学研究, 2020, 33(1): 200-209.

[63] 张欣, 曾翠萍. 岩溶沉积物中微生物分离及对碳酸钙沉淀的影响[J]. 岩石矿物学杂志, 2011, 30(6): 1039-1045.

[64] 杨再旺. 会仙岩溶地下水微生物群落结构及硝化和反硝化功能基因的研究[D]. 武汉: 华中科技大学, 2019.

[65] 唐源, 连宾, 程建中. 贵州喀斯特地区碳酸盐岩表生古菌群落结构及多样性研究: 以南江大峡谷为例[J]. 中国岩溶, 2017, 36(2): 193-201.

[66] SAMMARTINO S, SIITARI-KAUPPI M, MEUNIER A, et al. An imaging method for the porosity of sedimentary rocks: Adjustment of the PMMA method: Example of a characterization of a calcareous shale[J]. Journal of Sedimentary Research, 2002, 72(6): 937-943.

[67] ROBSON B A, BOLCH T, MACDONELL S, et al. Automated detection of rock glaciers using deep learning and object-based image analysis[J]. Remote Sensing of Environment, 2020, 250: 112033.

[68] HELLMUTH K H, SIITARI-KAUPPI M, KLOBES P, et al. Imaging and analyzing rock porosity by autoradiography and Hg-porosimetry/X-ray

computertomography—Applications[J]. Physics and Chemistry of the Earth, Part A: Solid Earth and Geodesy, 1999, 24(7): 569-573.

[69] NABAWY B S. Estimating porosity and permeability using Digital Image Analysis (DIA) technique for highly porous sandstones[J]. Arabian Journal of Geosciences, 2014, 7(3): 889-898.

[70] PRET D, SAMMARTINO S, BEAUFORT D, et al. A new method for quantitative petrography based on image processing of chemical element maps: Part II. Semi-quantitative porosity maps superimposed on mineral maps[J]. American Mineralogist, 2010, 95(10): 1389-1398.

[71] COSKUN S B, WARDLAW N C. Influences of pore geometry, porosity and permeability on initial water saturation—An empirical method for estimating initial water saturation by image analysis[J]. Journal of Petroleum Science and Engineering, 1995, 12(4): 295-308.

[72] GHIASI-FREEZ J, HONARMAND-FARD S, ZIAII M. The automated dunham classification of carbonate rocks through image processing and an intelligent model[J]. Petroleum Science and Technology, 2014, 32(1): 100-107.

[73] ISHUTOV S, HASIUK F J, JOBE D, et al. Using resin-based 3D printing to build geometrically accurate proxies of porous sedimentary rocks[J]. Groundwater, 2018, 56(3): 482-490.

[74] GOLREIHAN A, STEUWE C, WOELDERS L, et al. Improving preservation state assessment of carbonate microfossils in paleontological research using label-free stimulated Raman imaging[J]. PLoS One, 2018, 13(7): e0199695.

[75] YARMOHAMMADI S, WOOD D A, KADKHODAIE A. Reservoir microfacies analysis exploiting microscopic image processing and classification algorithms

applied to carbonate and sandstone reservoirs [J]. Marine and Petroleum Geology, 2020, 121: 104609.

[76] KURZ T H, DEWIT J, BUCKLEY S J, et al. Hyperspectral image analysis of different carbonate lithologies (limestone, Karst and hydrothermal Dolomites): The Pozalagua Quarry case study (Cantabria, North-west Spain) [J]. Sedimentology, 2012, 59(2): 623-645.

[77] FUSI N, MARTINEZ-MARTINEZ J. Mercury porosimetry as a tool for improving quality of micro-CT images in low porosity carbonate rocks [J]. Engineering Geology, 2013, 166: 272-282.

[78] MAHESHWARI P, BALAKOTAIAH V. Comparison of carbonate HCl acidizing experiments with 3D simulations [J]. SPE Production & Operations, 2013, 28(4): 402-413.

[79] MUNOZ H, TAHERI A, CHANDA E K. Pre-peak and post-peak rock strain characteristics during uniaxial compression by 3D digital image correlation [J]. Rock Mechanics and Rock Engineering, 2016, 49(7): 2541-2554.

[80] SAENGER E H, LEBEDEV M, URIBE D, et al. Analysis of high-resolution X-ray computed tomography images of Bentheim sandstone under elevated confining pressures [J]. Geophysical Prospecting, 2016, 64(4): 848-859.

[81] PRAKASH J, AGARWAL U, YALAVARTHY P K. Multi GPU parallelization of maximum likelihood expectation maximization method for digital rock tomography data [J]. Scientific Reports, 2021, 11: 18536.

[82] SELEM A M, AGENET N, GAO Y, et al. Pore-scale imaging and analysis of low salinity waterflooding in a heterogeneous carbonate rock at reservoir conditions [J]. Scientific Reports, 2021, 11: 15063.

[83] PHAN J, RUSPINI L C, LINDSETH F. Automatic segmentation tool for 3D digital rocks by deep learning [J]. Scientific Reports, 2021, 11: 19123.

[84] GHIASI-FREEZ J, HONARMAND-FARD S, ZIAII M. The automated dunham classification of carbonate rocks through image processing and an intelligent model[J]. Petroleum Science and Technology, 2014, 32(1): 100-107.

[85] KRAMAROV V, PARRIKAR P N, MOKHTARI M. Evaluation of fracture toughness of sandstone and shale using digital image correlation[J]. Rock Mechanics and Rock Engineering, 2020, 53(9): 4231-4250.

[86] NADIMI S, FONSECA J. Image based simulation of one-dimensional compression tests on carbonate sand[J]. Meccanica, 2019, 54(4/5): 697-706.

[87] SUKOP M C, CUNNINGHAM K J. Geostatistical borehole image-based mapping of Karst-carbonate aquifer pores[J]. Groundwater, 2016, 54(2): 202-213.

[88] SANTOS T M P, MACHADO A S, ARAÚJO O M O, et al. Optimization of image resolution parameters to characterize carbonate rocks through representative elementary volume analysis[J]. Journal of Instrumentation, 2018, 13(6): C06001.

[89] AZIZI A, MOOMIVAND H. A new approach to represent impact of discontinuity spacing and rock mass description on the Median fragment size of blasted rocks using image analysis of rock mass[J]. Rock Mechanics and Rock Engineering, 2021, 54(4): 2013-2038.

[90] WILLEMS L, COMPERE P, SPONHOLZ B. Study of siliceous Karst genesis in eastern Niger: Microscopy and X-ray microanalysis of speleothems[J]. Zeitschrift Für Geomorphologie, 1998, 42(2): 129-142.

[91] GUTAREVA O S, KOZYREVA E A, TRZHTSINSKY Y B. Karst under natural and technogenically modified conditions in southern East Siberia[J].

Geography and Natural Resources, 2009, 30(1): 40-46.

[92] KRITSKAYA A A, YU O. Peculiarities of development and distribution of karst features in evaporite successions of the Western Caucasus, Ostapenko [J]. Speleology and Karstology, 2009, 3: 66-72.

[93] WARING C L, HANKIN S I, GRIFFITH D W T, et al. Seasonal total methane depletion in limestone caves[J]. Scientific Reports, 2017, 7: 8314.

[94] BONACCI O, JURAČIĆ M. Sustainability of the Karst environment-Dinnaric Karst and other Karst regions[J]. Geologia Croatica, 2010, 63(2): 127.

[95] SHIMOKAWARA M, YOGARAJAH E, NAWA T, et al. Influence of carbonated water-rock interactions on enhanced oil recovery in carbonate reservoirs: Experimental investigation and geochemical modeling[J]. Journal of the Japan Petroleum Institute, 2019, 62(1): 19-27.

[96] SOLEIMANI P, SHADIZADEH S R, KHARRAT R. Experimental investigation of smart carbonated water injection method in carbonates [J]. Greenhouse Gases: Science and Technology, 2020, 10(1): 208-229.

[97] BAECHLE G T, WEGER R, EBERLI G P, et al. The role of macroporosity and microporosity in constraining uncertainties and in relating velocity to permeability in carbonate rocks[J]. SEG, 2004, 23(1): 1662.

[98] SEYYEDI M, BEN MAHMUD H K, VERRALL M, et al. Pore structure changes occur during CO2 injection into carbonate reservoirs[J]. Scientific Reports, 2020, 10: 3624.

[99] OSORNO M, URIBE D, RUIZ O E, et al. Finite difference calculations of permeability in large domains in a wide porosity range[J]. Archive of Applied Mechanics, 2015, 85(8): 1043-1054.

[100] XU Z X, BASSETT S W, HU B, et al. Long distance seawater intrusion through a Karst conduit network in the Woodville Karst Plain, Florida[J].

Scientific Reports, 2016, 6: 32235.

[101] LIMA NETO I A, MISSÁGIA R M, CEIA M A, et al. Carbonate pore system evaluation using the velocity-porosity-pressure relationship, digital image analysis, and differential effective medium theory [J]. Journal of Applied Geophysics, 2014, 110: 23-33.

[102] HEIDARI M, KHANLARI G R, TORABI-KAVEH M, et al. Effect of porosity on rock brittleness [J]. Rock Mechanics and Rock Engineering, 2014, 47(2): 785-790.

[103] RAJABZADEH M A, MOOSAVINASAB Z, RAKHSHANDEHROO G. Effects of rock classes and porosity on the relation between uniaxial compressive strength and some rock properties for carbonate rocks [J]. Rock Mechanics and Rock Engineering, 2012, 45(1): 113-122.

[104] BUFE A, HOVIUS N, EMBERSON R, et al. Co-variation of silicate, carbonate and sulfide weathering drives $CO2$ release with erosion [J]. Nature Geoscience, 2021, 14(4): 211-216.

[105] RÖTTING T S, LUQUOT L, CARRERA J, et al. Changes in porosity, permeability, water retention curve and reactive surface area during carbonate rock dissolution [J]. Chemical Geology, 2015, 403: 86-98.

[106] RIBEIRO D, ZORN M. Sustainability and Slovenian Karst landscapes: Evaluation of a low Karst plain [J]. Sustainability, 2021, 13(4): 1655.

[107] CHÁVEZ R E, TEJERO-ANDRADE A, CIFUENTES G, et al. Karst detection beneath the pyramid of el Castillo, Chichen Itza, Mexico, by non-invasive ERT-3D methods [J]. Scientific Reports, 2018, 8: 15391.

[108] WEST K M, RICHARDS Z T, HARVEY E S, et al. Under the Karst: Detecting hidden subterranean assemblages using eDNA metabarcoding in the caves of Christmas Island, Australia [J]. Scientific Reports, 2020,

10：21479.

[109] FARSANG S, LOUVEL M, ZHAO C S, et al. Deep carbon cycle constrained by carbonate solubility[J]. Nature Communications, 2021, 12：4311.

[110] NEBBACHE S, LOQUET M, VINCESLAS-AKPA M, et al. Turbidity and microorganisms in a karst spring [J]. European Journal of Soil Biology, 1997,33(4)：89-103.

[111] ARP G, BISSETT A, BRINKMANN N, et al. Tufa-forming biofilms of German karstwater streams：Microorganisms, exopolymers, hydrochemistry and calcification [J]. Geological Society, London, Special Publications, 2010, 336(1)：83-118.

[112] JONES B. Chapter 12 diagenetic processes associated with plant roots and microorganisms in Karst terrains of the cayman islands, British West Indies [M]//Diagenesis, IV. Amsterdam：Elsevier, 1994：425-475.

[113] ANDERSON C R, PETERSON M E, FRAMPTON R A, et al. Rapid increases in soil pH solubilise organic matter, dramatically increase denitrification potential and strongly stimulate microorganisms from the Firmicutesphylum[J]. PeerJ, 2018, 6：e6090.

[114] CIRIGLIANO A, TOMASSETTI M C, DI PIETRO M, et al. Calcite moonmilk of microbial origin in the Etruscan tomba degli scudi in Tarquinia, Italy[J]. Scientific Reports, 2018, 8：15839.

[115] GÉRARD E, MÉNEZ B, COURADEAU E, et al. Specific carbonate-microbe interactions in the modern microbialites of Lake Alchichica (Mexico)[J]. The ISME Journal, 2013, 7(10)：1997-2009.

[116] MOITINHO M, TEIXEIRA D, BICALHO E, et al. Soil CO2 emission and soil attributes associated with the microbiota of a sugarcane area in southern

Brazil[J]. Scientific Reports, 2021,11:8325.

[117] MELEKHINA E N, BELYKH E S, MARKAROVA M Y, et al. Soil microbiota and microarthropod communities in oil contaminated sites in the European Subarctic[J]. Scientific Reports, 2021, 11: 19620.

[118] SWENSON T L, KARAOZ U, SWENSON J M, et al. Linking soil biology and chemistry in biological soil crust using isolate exometabolomics[J]. Nature Communications, 2018, 9(1): 19.

[119] O'DONNELL A G, YOUNG I M, RUSHTON S P, et al. Visualization, modelling and prediction in soil microbiology[J]. Nature Reviews Microbiology, 2007, 5(9): 689-699.

[120] VAN DEN HOOGEN J, GEISEN S, ROUTH D, et al. Soil nematode abundance and functional group composition at a global scale[J]. Nature, 2019, 572(7768): 194-198.

[121] KEILUWEIT M, BOUGOURE J J, NICO P S, et al. Mineral protection of soil carbon counteracted by root exudates[J]. Nature Climate Change, 2015, 5(6): 588-595.

[122] JANSSON J K, HOFMOCKEL K S. Soil microbiomes and climate change [J]. Nature Reviews Microbiology, 2020, 18(1): 35-46.

[123] LEHMANN J, HANSEL C M, KAISER C, et al. Persistence of soil organic carbon caused by functional complexity[J]. Nature Geoscience, 2020, 13 (8): 529-534.